史蒂芬・蓋茲（Stefan Gates）著

林柏宏 譯

一顆屁的科學

Fartology

The Extraordinary Science Behind the Humble Fart

推薦序

從我們身體排出來的東西，
怎麼可以不知道它的來龍去脈呢？

文／青蛙巫婆　張東君

在我收到編輯來信，看到其中「我們私心以為，東君實在是《一顆屁的科學》的第一推薦人選，這本書非你莫屬！」這幾句的時候，我感到非常的榮幸，覺得不枉我這些年來寫、翻譯、演講便便、屁屁有成，讓大家只要看到這些主題就真的會第一個想到我。那個程度只有我外甥女在她三歲第一次到臺灣來的幾天之後，用嬌滴軟嫩的英文跟我說：「巫婆阿姨，我好愛妳，我只要妳陪我去廁所幫我擦屁股」那樣，就連她媽媽我妹妹都皺眉認為我為何會以這種事情自豪可堪比擬。因為除了我以外，應該沒人會感到驕傲……。

但是但是，正如我最近才剛翻譯完成的一本以鼻涕和鼻屎為主題的繪本一樣，這種「上不了檯面」、「敢做不敢當」的話題，才真的是我們應該要面對，要學習的。從我們身體排出來的

東西，我們怎麼可以不知道它的來龍去脈呢？雖然我其實無法否認在這本書之中，的確也包含了許多我們即使知道了可能也沒有什麼 X 用的主題，不過我卻可以拍胸脯保證，那些屁主題能讓生活變得更健康快樂、排遣無聊，以及被翻白眼並趕下餐桌。（為了讓這篇文章政治正確不被說我帶壞小朋友，有些會被誤以為是壞話的部分我們就用 X 來代替～）

　　對學動物的我來說，原本以為這本書中我最感興趣的絕對會是「屁之生物學」，然後是「屁之雜學」。但是我才看沒幾頁，就發現這本書中讓我躍躍欲試的主題真的很多。像是「有沒有辦法把屁存放在罐子裡」這種只要你曾經在泡澡的時候放屁，看到一團空氣噗噗地冒出水面時可能會在腦中浮現的問題，作者不但回答「有」，還很親切地提供了實際做法。「動物也放屁嗎？」這種我偶爾會被問到，但只能在打混說：「有些會有些不會，而且還會打嗝喔」之後趕快逃走或是轉變話題的問題，作者也提供了答案和延伸閱讀書單，還列了幾種會和不會放屁的動物清單讓我記起來以後可以自信滿滿的答客問。此外，作者也教我們如何製作臭氣炸彈，讓我們學起來以備不時之需，在類似愚人節或是朋友生日時使用。而這些，才只是到第一章結束為止的部分內容呢！可見得這本不過一百多頁的小書有多麼精彩扎實，讓人蠢蠢欲動心癢難搔地想動手做做看，有些部分甚至還得用到括約肌！

　　我國二國三時，班導最常寫在我成績單上的評語是「窮極無聊」，在閱讀這本書的時候，我不停地笑著想到這四個字，並且

相信我和作者一定可以當好朋友。雖然這本書是關於屁，但它真的很有用，不是沒有半個屁用。真的真的。

 「雖然這本書是關於屁，
但它真的很有用，
不是沒有半個屁用。」

一顆屁的科學
目錄

序章

每顆屁都有來頭

嗨，你有些緊張又帶點興奮，我懂。我們要談的是你的身體，關於它的自然美感，它複雜又特別，且精巧得叫人屏息。這與你體內數量破兆、孜孜不倦的微生物有關，也和成功的演化結果有關。這是個與食物息息相關的故事：化學、物理學和生物學匯聚而成的美味雜燴，源自太陽滋滋作響的滾燙熱氣，在光合作用下變化，在生化反應中成形，透過新陳代謝變得有血有肉，交雜著苦與樂、感官體驗、愛、罪惡與愧疚，因而透露出人性。

科學令人目眩神迷，不過我們暫且離開它一會兒，因為科學並不關心你——它只是和你有關。自然科學不受道德規範，也沒有責任感——它只是讓你誕生，將你赤裸裸地丟到一個種種科學現象堆造而成的世界裡。然而你身上有些東西是超乎自然的：你的自我意識、抽象推理能力，你會愛、會恨、會相信、會享樂，還有，是的，在排放不太體面的廢氣時，你會覺得不好意思。生

而為人，我們注定要卡在科學理智與紛雜的情感自覺之間。這之間就是屁教人緊張興奮的所在。為了了解冷冰冰的科學那一套，為了能大聲清楚地喊我懂我懂，就看科學要教我們些什麼，隨興玩玩科學知識，偶爾也對它比比中指。

屁是人性的高音汽笛，光榮又刺鼻，清晰嘹亮地宣告，你我皆生氣勃勃，活得好好的，我們既不完美，也不簡單，很有自覺，符合科學組成，但更高明一等。我們一方面受制於社會禮俗，被要求壓抑本性，一方面又有反叛的欲望要放我們自由。屁純得噁臭，髒得不害臊，源自這片土地，有機天然而成分複雜，甜熟兼惡臭。屁證明了我們可以美得簡單真實。呃，真是夠美的了。

詩人馬維爾（Andrew Marvell）寫道：

　　來，將所有的精力，所有

　　甜甜與蜜蜜，搓揉成圓球，

粗暴生猛地扯奪我們的快感

衝刺，撞破一道道生命的鐵欄

我可以肯定他的意思是：**搞懂你的身體，愛你的屁。**

屁就是屁啦

現在先解決這問題，就屁論屁。如果這是一本談胃腸脹氣的醫學專書，必定少不了像是噯氣、放洩、肛模之類的詞，但這不是那種書，這是一本關於屁、氣味和屁股的科普讀物，希望激發你的興趣，讓你愛上自己美妙的身體，向你傳達科學知識。那些正式的詞彙有時的確會跑出來，不過，只要能讓事情簡單明瞭，變得有趣，我非常樂意就把屁稱為屁，叫屁股作屁股，而且有必要的話，我們會說屁眼，而不講肛門。

這本書並非定位為和屁有關的搞笑書籍（如果你是為了這個才起了興致，市面上有很多那樣的書，不難找），這是一本**迷戀**之書，目標很明確有三：

一、要使你喜愛科學。

二、要你別再為了憋住屁而搞得自己的身體與人際關係都不自在，其實排出來大有好處。

三、要讓你莞爾一笑。

為什麼由我來說？

我常放屁。放屁時還是會覺得有點不好意思，不過我努力在

改。我讚嘆科學，特別是能扯上食物的科學──我是個電視節目主持人，滿腦子想著吃，與人交流餐飲與科學知識。我的團隊人數不多，我們賣力工作，一起製作大型的舞臺節目在世界各地巡迴演出，將深奧的科學知識變得有趣、有爆點、夠嗆。我做過胃鏡檢查，照過核磁共振掃描（MRI），吞過膠囊內視鏡，還動過抽脂手術從人體脂肪挖出做菜需要的材料。我愛自己放的屁，希望你也是。

醫療安全聲明

這本書和醫學一點關係也沒有，有腸躁症（IBS）之類腸胃問題的人不會從本書得到任何建議，只有我致上真切的同情。請快去看醫生，千萬別將書中所寫的東西當作療法或解藥。

科學知識出處

關於放屁的科學文獻一般比較少見，許多都相互矛盾，研究方法與規模參差不齊，差異頗大，我已經和腸胃醫學專家一起努力檢驗，確定所有資料準確，我們的研究路徑將各種差異結果都列入考慮了。不過要是你有什麼關於屁的嶄新發現，我洗耳恭聽。

第一章
屁之化學

基礎知識：何謂屁？

人都放屁。這是消化過程的一部分，很自然且健康，正常人一天放屁約十到十五次，平均排出一‧五公升的廢氣。人在夜間比較少放屁，開始進食之後就會較常放屁，因為胃部的反射動作使結腸開工了。女性的屁排放量低於男性，不過氣味通常比較重，屁的排放量與氣味深受飲食種類影響，放屁較響、較臭的人和放屁小聲又無臭的人相比，健康程度差不多。

你的屁裡大約有 25% 只是原本吞進去、穿過體內又出來的空氣，另外的 75% 是各種消化過程的產物，主要來自腸道細菌分解膳食纖維。最棒的造屁原料是複合碳水化合物，特別是名為寡糖（帶有三到十五個糖單位的碳水化合物）的分子，這種分子大多在豆類、根莖類蔬菜、洋蔥、十字花科蔬菜（如高麗菜、花椰菜）、水果以及乳製品之中。細菌分解膳食纖維的過程稱為發酵、新陳代謝、腐爛或消化，而且是厭氧性過程，也就是在無氧狀態下發生（腸胃中上百兆的微生物大多無法在高含氧的環境中存活）。

「講白一點，腸子裡有大約一百兆微小的非人異種生物，它們跟著你四處走。」

　　講白一點，腸子裡有大約一百兆微小的非人類異種生物，它們跟著你四處走。有形形色色的人，屁的排放量與氣味也各有不同。許多研究顯示，人每天放屁的範圍從三次到四十次不等，總排放量可從四百毫升到二‧五公升，其中的氣體組成與氣味種類五花八門。這是因為每個人腸道中的細菌數量與種類本來就有差異。大部分造屁細菌位於結腸，也稱為大腸。

　　屁的成分大部分是二氧化碳、氫氣、氮氣與二氧化硫。有些二氧化碳是因為胃部酸性消化液與小腸鹼性分泌物的酸鹼反應而產生，但其他多數是腸道細菌造成的。氫氣是細菌發酵產物，而氮氣主要來自我們吞入的空氣（空氣中的氧會在胃部與小腸前端被排除）。並非所有但確實有一些人會產生可燃性氣體甲烷，那是因為體內有製造甲烷的特殊菌種。

屁的氣味組合

　　正常的屁有超過 90% 的成分是完全無味的，如氮氣、二氧化碳、氫氣和甲烷。剩下那一點點的 1% 才是會臭的部分，那臭味由各種化合物組成，可能有數十到數百種，視你的腸胃細菌和飲食內容而定。你看，屁的氣味並非來自一種化合物而已 —— 會有數十種，甚至上千種都有可能。順帶一提，草莓香氣有三十種以上的化合物，而專門分析可可香氣的科學家目前已確認其中有高達兩萬個分子，且有 75% 是先前科學界不曾知曉的。

　　帶給屁臭味的氣體只占排放量小小一部分，通常不到 1%，臭味是些許的硫化氫與好幾種其他的化合物混和而成的。

消化過程出乎意料地慢，雖然一頓飯裡剛開始吃下肚的東西可能在兩小時內就直達結腸（理論上也開始產生氣體），但一個成人要消化完整份正餐通常得花上約五十個小時，小孩子則需要三十三個小時，時間長短受身體機能與飲食內容影響很大。通常食物通過你的胃需要四小時，接著要花六到八小時才會通過小腸（若食物含有許多油脂就會花更長的時間），然後進入大腸，一切都明顯地慢了下來，大約要經過四十個小時才會完全通過。男女的情況差異非常大：男性單單在結腸部位的消化作用平均就耗時三十三個鐘頭，而女性平均要花上四十七個小時。

屁就等於氣態大便？

這句話背後真正想說什麼，我們都心知肚明：當我聞到某人的屁，其實就是吸進了他的大便？如果是這樣的話，我是不是該趕快閃人，躲到哪裡去吐？並「不是」這樣的。

好吧，兩者可能真的有一點點類似，不過讓我們照順序一個個來談：糞便是什麼？

糞便

糞便（正式一點的說法是消化排泄物）是挺有趣的玩意兒，稱之為「代謝廢物」並不完全正確。人們的糞便各不相同，一般人一天的屎量重約一百到二百五十五公克，裡面有 75% 是水分，25% 為固態物質，內含膳食纖維、大量細菌（活生生和死翹翹的都有）以及許多其他物質（詳細資料可見第 76 頁）。

屁

　　和糞便相比，屁幾乎就完完全全是氣體了：氮氣、氫氣、二氧化碳、甲烷，再加上氣味相同的揮發性氣體：硫化氫、甲硫醇、吲哚、糞臭素與甲硫醚。那麼，就大致分析看來，你會覺得屎和屁不可能是同一種東西。

　　再回到開頭的問題，「屁等於氣態糞便嗎？」由於細菌十分微小（0.2 到 10 微米，病毒甚至更小），當你的肛門噗噗放屁

時，有些細菌**很可能**也跟著氣體噴射，隨之飄飛。某些細菌飄在空中仍然活著，像是**結核分枝桿菌**能隨著空氣傳播，飄浮數小時之久（結核菌主要透過空氣散播，不過是來自感染者打噴嚏、咳嗽或開口交談，而非放屁）。大部分的細菌會因為水分喪失或紫外線照射而迅速死亡，但是，沒錯，你確實**有可能**從某人的屁吸進細菌。

雖然毫無疑問地，我們會吸進別人臭屁裡飄散到空氣中的氣體成分，不過其中含帶的固體不可能有多少，**但是**（這個但是令人很在意），那些氣體確實和你前額後方嗅球裡的化學受體發生了作用。因此，說來怪好笑的，真的有些別人的屁分子**融入你體內**，不過時間非常短暫。

好，拿什麼來證明？

這個領域的研究少得可憐，不過《英國醫學期刊》確實從《坎培拉時報》轉載過一篇文章，當中提到在澳洲執業的醫師克魯澤尼基（Karl Kruszelnicki）做了相關實驗。曾有護士向他請教，在手術室裡放屁會不會導致什麼問題，他無法回答，於是就與一位微生物學家合作，請一名同事隔著五公分的距離對著培養皿放屁——一次是穿好衣褲放屁，一次是脫褲子放屁——再看看結果有何不同。隔天他們檢查培養皿，發現隔著衣物在上頭放屁的培養皿中沒有任何細菌孳生，而脫褲子放屁在上面的培養皿中，可以看到已經長出兩叢（無害的）細菌，兩者都是只有在胃

部與皮膚上才見得到的常見細菌。

因此，屁與糞便是相當不一樣的東西，不過沒錯，理論上，屁可能含有一丁點的細菌。用衣物包住屁似乎真的有過濾效果。那麼，我們的心得是？？？——如果你距離一顆無遮蔽裸屁的發射砲口只有五公分，那麼說實在的，你真的靠太近了。

為什麼屁會臭？

我們都喜歡自己的屁味（拜託別裝了，你有吧），尤其是在密閉空間，或者在棉被帳篷裡享用「悶鍋」*的時候。不過，那股味兒究竟是如何炮製出來的？

辛勤的細菌在消解結腸中的食物餘渣時，會製造高度揮發性氣體，這是屁味之始。這個美妙的過程稱為**新陳代謝**，此時複雜的分子被分解為較簡單的分子（**分解代謝**），並製造出新的分子（**合成代謝**），還有大量的氣體。

放屁所排出的氣體大多數是無味的（氮氣、氫氣、二氧化碳

---

* 悶鍋是把頭部也一起緊緊包在棉被裡進行的放屁行為，對朋友或伴侶進行此行為時非常歡樂，但也極度危險，據說是美國影星摩嫚（Ethel Merman）與鮑寧（Ernest Borgnine）婚姻破局的原因之一。

都沒有氣味，甲烷也沒有），但同時被製造出來的那一絲絲帶氣味的揮發氣體就比較有意思了。這些氣體的特別不只是因為它們超難聞，還有它們的**揮發性**，也就是說，這些氣體很容易飄散為蒸氣＊，這使它們能夠在空氣中四處浮動，鑽進我們的鼻子裡。

　　每顆屁都含有各種不同的化合物，這是食物分解時一併產生的，一般來源是肉類、堅果、穀物與豆類中的高濃度蛋白質。最薰臭的屁經常是在分解食物中的胺基酸（蛋白質的組成基礎）時產生的，許多食物中都有胺基酸，而豆類、起司和肉類中特別多，這些食物不見得能為屁量升級，但通常可以加料調味。

　　從屁股到鼻子的飛行航道很簡單：放屁後，這些揮發氣體被空運出來，藉著布朗運動，一路進入我們周遭的空氣（我們四周的空氣裡基本上有成億上兆的分子是肉眼看不到的。它們不停地

＊　不少概念科學家常常沒對一般大眾講解清楚，以至於連帶延伸的任何知識也都沒被了解，真叫人火大，這裡是其中一個例子，就由我來說明吧，物質型態變化過程如下：一、固體；二、液體；三、氣體；四、離子體。但實際上並不是這麼涇渭分明，因為水即使在比沸點低許多的溫度，也可能以氣態存在。比方說，把溼毛巾擺在陽光下，水分子會慢慢蒸發，直到毛巾乾掉。由於本身攜帶能量，水分子會在彼此周圍跳動，若剛好有個水分子撞擊其他分子的力道大得足以使它逸出毛巾，它便成為氣態分子，即使它的溫度比水的沸點 100°C 還低。就像布朗運動一樣，這是隨機的，但由於發生的數量規模如此龐大，有上兆個分子參與，所以變成必然的。會迅速逸散成蒸氣的物質就是有揮發性的：它們容易跳出目前的物質，飛馳在空氣中。

最有味的屁聞起來像：

1.　　硫化氫　　　　　　＝臭掉的雞蛋

2.　　硫氫甲烷　　　　　＝爛掉的高麗菜

3.　　三甲基胺　　　　　＝生魚肉

4.　　硫代丁酸甲酯　　　＝起司

5.　　糞臭素　　　　　　＝有點像貓屎

6.　　吲哚　　　　　　　＝帶有花香的狗屎

7.　　甲硫醚　　　　　　＝高麗菜

8.　　硫醇　　　　　　　＝雞蛋

移動，碰撞彼此，從初始位置擴散，混亂無固定模式）。數量規模如此巨大，以至於氣體是相對均勻地蔓延散開，混入大氣中，從屁股到鼻子，還有更遠的地方。

　　接著嗅覺登場了。在你呼吸時，那些揮發的氣味物質會被吸進鼻腔，順著通道前進，最後遇上嗅覺皮膜裡的黏液，嗅覺皮膜連結著腦中的嗅球（位於額頭後方的大腦旁）；黏液會持續流動，每十分鐘左右先前的黏液就被取代掉，有些氣味分子會融入黏液，然後被嗅覺化學受器偵測到，這些受器是偵測氣味化學

物質的小構造，會透過一小片郵票大小的神經元，將微小的電子訊號傳送到嗅球，再經由軸突（你可以想像成超級細小的微型電纜）傳到大腦，大腦會轉譯訊號，將屁味的感覺提供給你。

　　這裡有個小祕密：氣味分子實際上如何與氣味受器產生反應，將代表某特殊氣味的特定訊息遞送出去，仍然是個謎。過去的人認為是以「鑰匙對應鎖」的方式進行：每個氣味分子就像是把鑰匙，能符合特定化學受器的鎖孔，但問題是，我們能聞到大約一兆個不同的氣味化合物，就需要一兆個不同的化學受器，這不太可能。此外，現在已知可編碼為氣味接收器的基因有四百個，如果你認為眼睛只用了四個接收器就能產生我們看見的所有顏色，那麼嗅覺仍是懸案應該不令人意外。

實用建議

　　我經常在半夜感覺自己需要排氣放風一下，但又不確定那氣味會是芬芳香甜，還是消化不良的轟然酸臭。為了顧及我老婆的感受（她相當重視睡眠品質），通常我會用手蓋住，放肆地一洩而出，然後就可以把它引向自己的鼻子，遠離她的（她擁有超乎常人的優異嗅覺）。仔細想想，也許我真是不懂得分享。

氣味列表

屁屁氣體 （或揮發氣味 分子）	氣味 （我自己訂的腐臭 量表，從 1 到 10）	註記
硫化氫 （H_2S）	臭掉的雞蛋 9 分	濃度偏高時，毒性增強，變得易燃、有腐蝕性且可能爆炸。產生自多種膳食纖維，蛋白中也有許多卵白蛋白，分解後與氫發生反應會生成硫化氫。 估計有 50% 的人口胃腸中有硫酸鹽還原菌，才會產生這種氣體。
甲硫醚 （CH_3SCH_3）	各種描述都不同，較像是烤豆子、甘藍菜、甜玉米與腐爛肉類的綜合體 7 分	有時在石油精煉、食物調味與造紙過程中使用。

硫氫甲烷 又稱作甲硫醇 （CH₃SH）	臭鼬一樣難聞的臭雞蛋，又帶點大蒜味 7分	類似甲硫醚，可摻入家用瓦斯，使原本無味的甲烷「能被聞得到」。氣味強烈，即使濃度只有十億分之十（10 ppb）也聞得出來。
三甲基胺 （C₃H₉N）	腐臭魚肉、汽油、阿摩尼亞、家用瓦斯 8分	在食品加工調味中，用來增添魚腥味，甚至是豬肉味。
硫代丁酸甲酯 （C₅H₁₀OS）	起司、雞蛋、硫磺 7分	存在於草莓香氣中。有時添加在食物中，可提升奶香、番茄香、果香與料理香氣。
糞臭素 又稱作 3- 甲基吲哚 （C₉H₉N）	汽油、瓦斯、貓屎 7分	有人認為它被美軍用做一種非致命祕密武器。當我們消化食物，尤其是肉類、蛋白、黃豆時，會從色胺酸產生這種物質。
吲哚 （C₈H₇N）	一般獸類身上的氣味、柳丁花香 7分	與糞臭素類似，是從腸胃裡的色胺酸分解中產生的。用於香水製造，特別是合成茉莉精油。

男性與女性的屁
有什麼差異？

　　有一篇了不起的研究報告刊載在英國醫學期刊《Gut》（1998：43：100-104），它說得很清楚，女性的屁遠比男性的臭（不好意思，也許有人發現我正在振臂叫好）。而且不只是較臭一點點，是沒得比的爆臭。這是因為女性的屁中，臭味氣體的濃度比較高。研究發現，和男性的屁相比，女性臭屁裡的硫化氫濃度高出 200%，硫化氫的量多出 90%，另外，甲硫醇的濃度也多了 20%。而且資深屁臭裁判員（別懷疑，就是有人幹這行）測試後，判定女生放的屁很明顯比男生的刺鼻。沒錯，雖然這是個小型實驗，只有十六個自願受試者，但這個小眾研究領域的特色就是樣本數少，幾乎沒參考文獻。你看看嘛！差 200% 啊！臭屁女，閃邊去吧！

「女性的屁比男性的更容易點燃……」

　　可是談到**屁量**時，情況就完全不同了。這項特別的研究顯示，不管是每次的平均排氣量（男生每顆屁量一百一十八毫升，女生則是八十九毫升），或者單論放屁次數（男女生放屁次數比

是 52：35），男生都是壓倒性完勝。去，噗噗男，快滾開！

當然，還是有不同的觀察，湯姆林（Tomlin J）、路易斯（Lowis C）與李德（Read NW）所做的研究〈健康自願受試者的正常胃腸排氣〉指出：「女性與男性的排放量相同。」呿，這說明了這塊領域多麼乏人問津，顯然需要投入更多研究。來吧，朋友們來試試吧，你很有機會拿到極富韻味的諾貝爾獎。

女性的屁比男性的更容易點燃，因為女性體內製造甲烷的細菌比例較高，生產的屁就有更多甲烷。大約 60% 的女性產生甲烷的量挺可觀的，但只有 40% 男性有這麼多甲烷，這或許也是女性整體說來屁量較少的原因，因為製造甲烷的細菌需要許多氫氣來生產甲烷。有報導說，荷爾蒙補充療法（HRT）據說會讓人更容易放屁，因為其中的孕激素使食物通過腸道的速度變慢，於是更多食物會轉變成屁。

有沒有辦法將屁存放在罐子裡呢？

　　說實在的，收集屁是想做什麼呢？好，想像我們有一座國家屁氣銀行，不是蠻不錯的嗎？為躲避核彈攻擊而興建的高科技地底洞穴，儲存低溫封藏、從古至今的屁，這意思有點像千禧年種子銀行（Millennium Seed Bank），只是比較不……土裡土氣。若可以為後代子孫保留那些偉人、善人的直腸正氣（也許小人物和惡徒的也行），我們的世界是不是會更加豐富？想像一下，我們的小孩可以吸亨利八世、沃爾西主教（Cardinal Wolsey）或凱薩琳皇后（Catherine of Aragon）的屁息，而不是讀什麼解散修道院這種歷史事件。我打賭凱薩大帝的屁是貓屎味的，埃及豔后的屁聞起來非常像春天潮溼的人行道。達文西的屁一定有奧勒岡青草味。你想聞聞誰的屁呢？寶嘉康蒂的？成吉思汗的？耶穌的？

　　想長期保存氣味會遇上一個耐人尋味的問題，但我們先來談談若要為自己打造屁氣檔案庫，第一步該怎麼做？其實簡單得要命，總歸到阿基米德的浮體原理。你要做的就只是等一顆即將噴發的屁，弄到一座浴缸，取得有適合蓋子的玻璃罐。第一步，愉快地放一缸洗澡水，不是泡泡浴那種，然後脫掉衣服，抓著玻璃罐噗通下水。躺下來後拿掉玻璃罐蓋子，將它整個沒入水中，讓

裡頭充滿水。保持罐子在水中注滿水的狀態，底部朝上，放到你屁眼上方。

　　都就定位後，痛快地讓屁噴發，盡可能多排一些（請注意，我們不接受那種「水水」的屁喔，這可是闔家觀賞時段），應該有氣泡會飄進罐子裡，與氣泡上升浮力等重的水量則會被排出來。基本上，氣體會上升推進，將水向下擠，然後氣體就被關在罐子裡了。現在闔上蓋子鎖緊，轉回來讓開口朝上，罐子中的水流到底部，屁會向上升至頂部。就這麼簡單，十八世紀的人稱這招為「向下排水集氣法」。若想分析屁的氣體，只要將罐子浸入較大的水域中，顛倒過來後再打開，伸入針筒去抽取氣體就行了。

屁的臭味會維持多久？

好了，收集屁的實際操作方式已經有了，但咱們的國家屁氣銀行還有些隱憂。收集來的屁能維持多久呢？為此我和塞拉教授（Andrea Sella）吃了一頓很帶勁的印度素食拼盤料理，討論了非常久。這位化學家任教於倫敦大學學院化學系，他的上課方式十分勁爆，對安全衛生的態度隨隨便便，讓他在系上臭名響亮。我超愛他，你如果遇上他，肯定也會。

" 咻咻！ "

現在的麻煩是，屁封閉在罐子裡，會冒出幾個狀況影響原本捕捉到的氣味。你別忘了，那些氣味是由帶有特定味道組合的揮發性分子組成，很可能發生變化反應，萬一它們與周遭其他分子產生反應，交互作用下可能生出全然不同的氣味分子，甚至氣味完全消除。比方說，硫化氫最終就可能與空氣，或你的屁的其他成分產生反應，形成第三種物質。

屁味面對的威脅包括：

1.　與屁之中（或者玻璃罐與浴缸水中）的水蒸氣發生反應，導致氣味成分在水中溶解。

2.　氧化（氧氣增加，或者在化學反應中損失電子）。接觸到紫外線時特別容易發生，紫外線與氧分子發生作用，導致屁不易維持的性質因氧化而消失。

3.　與屁裡的其他氣體發生反應。

4.　與容器材料發生反應。玻璃的化學惰性很強，所以不需要擔心它，但金屬蓋與塑膠封套就可能造成問題。

　　我們應該抓緊機會，好好聞屁，就像我們「珍惜今朝」一樣，**把握襠下，及時吸了**！好吧，國家屁氣銀行是有難度的，不過要是氣體冷卻，也許溫度低到 -196ºC 足以造成液態氮，甚至低到 -253ºC 出現液態氫，化學反應就會減緩，氣味就可以保留

有對老夫妻週日上教堂，老太太轉頭對老先生說：
「我剛才放了很長一串無聲屁，怎麼辦啊？」

老先生轉向她回答：「先幫妳的助聽器換電池。」

住，你瞧！國家屁氣銀行行得通呢。噢嗚，不好意思，我得先閃人，印度拼盤在起反應了⋯⋯

動物也放屁嗎？

拉貝奧蒂（Dani Rabaioitti）與卡魯索（Nick Caruso）都是很棒的生態學家。他們合作處理我們這時代的偉大問題之一：

「牠放屁嗎？」並在推特引發了熱烈討論，動員全世界的動物專家一起集思廣益。他們很慷慨，同意我將他們的一些成果拿來與大家分享，更多內容發表在他們的傑作《牠會放屁嗎？》（Quercus 出版社，2017 年）一書中。為了回報他們，我向他們保證你會去買一本，這應該沒問題吧？

動物	放屁嗎？	註記
鯡魚	是	為了彼此溝通，牠們會吞下空氣再放屁排出。
山羊	是	二〇一五年有架載了兩千頭山羊的飛機迫降，原因是山羊排放了過量氣體。
牛	是	牛的確會放屁，不過打嗝所製造的氣體更多。農牧業整體溫室氣體排放的三分之一都來自牛群，每天總共排出六百公升，其中大約有二百五十公升是甲烷。那真是**超級多**。
袋鼠	是	屁沒有牛那麼多，但和馬差不多。

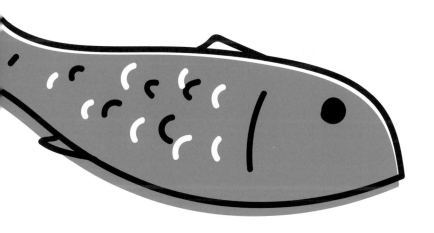

僧帽水母	不	牠們沒有肛門，進食須利用消化酶將食物液化。
蜘蛛	未知	大部分蜘蛛利用有酶的毒液，在體外進行消化過程。
大象	是	牠們有巨大的消化道來分解像樹皮這樣粗糙的食物。
鳥類	不	鳥類沒有產生屁所需的腸道細菌，消化過程也十分迅速。
白蟻	是	雖然體型迷你，但是白蟻數量龐大，產生的甲烷占全世界排放量的 5 ～ 19%。
金魚	不	雖然胃腸內確實有造屁的細菌，金魚比較可能打嗝。
藥丸蟲	稍微	藥丸蟲將含氮廢物轉化為阿摩尼亞，然後一陣陣噴出，通常會花幾分鐘，但有時候要耗上一小時，甚至更久。

如何製作
臭氣炸彈？

　　以前在小朋友的化學遊戲教材裡就找得到臭氣炸彈的配方，但這年頭我們比較小心了，不讓小孩子碰太危險的材料，這不是沒道理的。

　　製作臭氣炸彈的方法很多，有輕鬆簡易傻瓜版，也有刺激玩命複雜版，這裡介紹一個危險程度中等的方法，因為會用到火柴與阿摩尼亞，所以是有可能產生毒性與腐蝕性的。如果你未滿十六歲，一定要找大人幫忙，如果你是大人了，務必看緊任何未滿十六歲的孩子。臭氣炸彈需要貯放幾天，讓它醞釀，切記千萬別讓小孩、寵物或任何不知情的大人拿到。

警告：
1. 阿摩尼亞有毒，且有腐蝕性。
2. 高濃度的硫化銨易燃且有毒。
3. 請在瓶上**標示清楚**，以免任何人誤食或用在錯誤用途。
4. 製作後產生的髒物請勿飲用、丟擲或潑灑，那會很噁心。

發生什麼事？

火柴頭的硫與阿摩尼亞（一種清潔用品）混和，它們發生反應會產生硫化銨，聞起來非常像臭雞蛋。化學反應式為：

$$H_2S + 2NH_3 \longrightarrow (NH_4)_2S$$

你需要：

- 一盒火柴
- 家庭清潔用的阿摩尼亞
- 容量 500 毫升的塑膠空瓶
- 斜口鉗或者老虎鉗或者強力剪刀

方法

1. 用剪刀或斜口鉗把火柴頭都切下來，放進空瓶。
2. 加入 30 毫升阿摩尼亞。
3. 微微擠壓瓶身，然後將蓋子關緊（這樣子瓶中的氣體壓力才不會超載）。
4. 將瓶子密封，輕輕搖晃，讓裡面的東西混和。
5. 放置在安全妥當的地方三到五天，等待化學反應發生。
6. **到外頭去**，打開蓋子，用內容物薰一薰你的朋友，但**切勿**沾到衣物或地毯。

第二章
屁之生物學

從食物到屁的過程是什麼？

切的開頭就是那顆我們稱之為太陽、滾著熾燙又狂暴電漿的巨大星體，這顆黃矮星的重量是地球的三十三萬倍，主要由氫（73%）與氦（25%）組成，生成至今大約已有四十六億年的時間。太陽藉由將氫質子形成氦的核融合作用來產生能量，過程中的副產品便是光，光子以電磁波的形式從太陽輻射而出，到達地球的只有其中一小部分，分量剛剛好適合維持我們的生態體系。

核融合

在光子抵達地球的時候，有一部分落在含葉綠素的植物上，於是開啟了光合作用這個奇幻的*變化過程，幾乎所有生物需求的能量都來自這過程。光合作用真的妙不可言：用光能、水、二氧化碳製造出化學能，再以碳水化合物分子的形態儲存在植物裡，有些就是我們食用的作物，這個過程同時也會排出氧，也就是你我現在呼吸的氧氣。

正常情況下，肉眼看不見光合作用，你只要相信我說的，光合作用確實在進行，不過你如果很想見識這個變化過程，有個漂

---

* 事實上，光合作用也稱不上奇幻。它有貨真價實的科學原理，但其過程實在讓人覺得精彩。

亮的演示能讓人將光合作用看得清清楚楚，你可以試試。到水族館買些水草，我覺得效果最好的是伊樂藻（Canadian pondweed），以銳利剪刀剪掉水草頂部一公分，置入水中，並將水草壓彎在水面下（金屬夾很好用），接著開燈照射它，很快就會看到小氣泡

深入了解光合作用
$$6CO_2 + 6H_2O = C_6H_{12}O_6 + 6O_2$$

來繼續，花點時間多知道一些。反應式寫在紙上看來簡單：植物捕捉光，用來將六個二氧化碳分子（CO_2）與六個水分子（H_2O）織縫在一起，組成一個葡萄糖分子 $C_6H_{12}O_6$。不過實際上經過許多步驟。首先，一個捕光的有色分子——葉綠素——吸收光之後拋出一顆電子，這個電子攜帶的能量足以分裂水分子，有點類似電解。這就啟動接下來一連串化學反應，那顆電子在分子之間傳遞，漸漸耗掉能量並存入稱為腺苷三磷酸（ATP）的分子之中，所有的有機體都利用這種分子來驅動新陳代謝。光合作用在第二階段將二氧化碳轉化為葡萄糖，生命所需糖分，使用的正是這 ATP 分子。

至於整個地球上的光合作用在任何時候捕獲的總能量，數據挺好看的：130 兆瓦。這數字大到讓人難理解，但這僅僅是觸及地球之太陽能的 0.1%（這也是人類消耗能源總和的三倍）。

從水草頂部冒出來，那就是剛被製造出來的氧氣，很**神奇**吧，我知道！我把它拍成了影片，請一定要上 YouTube 頻道 GastronautTV 去看看。

什麼算是食物？

你可能會感到驚訝，但嚴格說來，通過消化道的所有物質都算是可食用的，無論是麵包、木頭、玻璃、口香糖或者鐵橇的碎塊。就算無法從中攝取到營養，例如鐵橇和口香糖，這些東西仍屬於不溶性纖維（有助於在腸道中推進任何東西），若是在小腸無法消化，但是在大腸可分解（木頭和玻璃就是這種情形），就稱為可溶性纖維。除此之外，其他吃進去的東西都可視為營養，通常你會有某種方式消化它們，從中獲益。

消化作用如何進行？

你認得一些不錯的可食用物質，可能還親自烹煮過它們，現在該輪到消化了，成年人身體消化食物平均要花費五十個小時之久（小孩子需要三十三個小時），光是在大腸部位就耗掉了四十個小時，接著更有趣的來了……

請翻頁

消化階段一：咀嚼 ── 機械式分解

　　咬下食物的時候，你的臼齒施力之巨可高達一百二十公斤，你很可能會以為咬爛、磨碎、碾壓這些機械式分解是消化過程中最重要的一環，不過並非如此。此時你真正在做的是增加食物的表面積，為下一階段的消化做準備，雖說如此，進食最舒服、最精彩的部分還是口腔裡的感官體驗，而**不是**吸收營養。咀嚼食物時，氣味分子與化學受器發生作用，使我們品嘗到香氣與美味，而機械性受器被食物觸發，因此我們能享受食材的質地，也會透過溫度受器感覺溫熱，甚至當食物與聽覺受器相互作用時（**聲音感受其實是對觸覺的超敏感反應**），還能聽見食物的聲音（特別是酥脆響亮）。不過，食物的這些特點都不具營養價值，只是刺激我們吃得更帶勁。有趣的是，進食的當下會促使神經系統傳送訊息到大腸，讓你想上廁所，其實這有點怪，因為你正在吃的食物還要經過很多個小時才會接近結腸，但至少，結腸知道有更多東西要來了。

消化階段二：唾液 ── 分解

你一天產生的唾液大約有兩公升，其中 94% 到 99.5% 帶有一種稱為**澱粉酶**的酶，會開始將食物分解為材料成分（唾液也含有少量的鈣、氟、鎂、鈉、尿酸、蛋白質、過氧化酶與細菌）。

試試這個簡單的實驗：

將一些即食卡士達醬攪拌後，分置於兩個玻璃杯中。往其中一杯吐口水四到五次（通常我會請好幾個人來吐口水，他們都沒想到這還真噁心），再用茶匙攪一攪。把兩杯蛋奶醬倒到傾斜一定角度的砧板上，混入口水的蛋奶醬比較稀、容易流動，而控制組的蛋奶醬仍然黏稠。唾液會分解蛋奶醬中的聚合醣，讓它變得水水的，這變化發生得很快。

消化階段三：吞嚥食物通過食道

準備好食物並且吞下是個複雜的過程，要動用大約五十對肌肉。當食物被推向口腔後方，就啟動了吞嚥反應，將食物推向喉

囉，同時也啟動反應將喉頭關閉，暫停你的呼吸，這樣子食物才不會掉進氣管。接著有一連串肌肉收縮，稱為**蠕動**，會將食物往下擠，推向食道底部，直到碰觸食道括約肌，那是看起來像貓屁股的東西（主要是因為它有點那個……），是控制食物進入胃部的閥門，也會擋住胃液——除非你嘔吐。食道括約肌也會打開，讓打嗝氣體通過。

消化階段四：胃部 —— 胃酸與消化

　　胃這個堅韌強壯的器官位於身體左側，當裡頭空空時，只有拳頭那麼大，是個七十五公釐的小置物袋，可是一般情況下它的容量可以擴展到一公升，一旦有需要，還能脹大到兩公升甚至更大。食物一進入胃，胃內壁便會分泌胃液，胃液中含有蛋白酶這種消化酶，可以分解蛋白質。胃也會製造胃酸，其中有大量的鹽酸，能殺死細菌，改變蛋白質性質，並很有效率地將食物再煮過一次。嘔吐時口腔裡的酸味，就是這些胃液強烈的氣味。胃部翻攪著所有內容物，把消化酶與酸液和食物混在一起，食物停留在胃部可能從十五分鐘到四小時不等。攝取的油脂愈多，食物留在胃裡的時間愈長，為的是讓身體製造消化油脂用的膽汁。胃部本身不會吸收許多養分（這項工作大多留給下一個消化階段），只吸收一些藥劑、胺基酸與一些酒精和咖啡因。

　　奇怪的是，胃裡有一些味覺接收器，當它們與麩胺酸鹽、糖分、碳水化合物、蛋白質、油脂互相作用時，能傳送愉悅的感覺到大腦。胃緩慢地利用蠕動的方式將食物與胃液的混和物（胃腸醫學專家稱之為**食糜**）推過**幽門**（又一個像括約肌的開口），進到下一個階段，這是小腸前半段，稱為十二指腸。

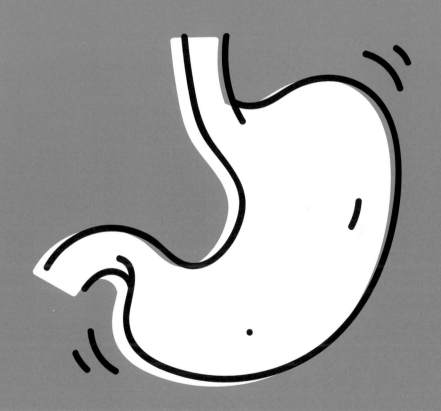

消化階段五：小腸

　　小腸很細窄但十分的長，食物的養分大多在此被吸收，但這裡還要加入許多物質才有辦法吸收。膽汁由肝臟分泌，經由膽囊加進小腸裡，用以分解油脂。含有許多消化酶的胰液則經由胰管注入。有趣的是，胰液含有許多碳酸氫鹽離子，呈現強鹼性，可中和胃液的酸，製造合適的酸鹼環境讓消化酶順利產生作用，但同時也製造出一些氣泡：來自酸鹼中和反應產生的二氧化碳。

　　像蟲蠕動般持續一波波的肌肉收縮推擠著食物，通過小腸要花上六到八小時。人體小腸的平均長度是三到五公尺，但也可能只有二‧七五公尺這麼短，或是長達十‧四公尺。小腸表面看起來像絨布，上面的短毛是由極細微、像小指頭的東西組成，稱為**絨毛**或**微絨毛**，它們鋪出一片巨大的表面積，約有三十平方公尺，可以徹底吸收養分。

　　食物分子被分解成更小、更好利用的成分，例如維生素與礦物質、糖（來自碳水化合物）、胺基酸與肽（來自蛋白質）、脂肪酸與甘油（來自油脂），這些都會通過腸道壁，進入鄰近的血管。剩下的部分全部通過另一個稱為**迴盲瓣**的閥門，這一道分隔門可避免結腸內的糞便迴流入小腸。

消化階段六：大腸

　　大腸又稱為**結腸**，有點煩吧。大腸有一·五公尺長 —— 和小腸比當然差得遠 —— 可是腸道比較寬，因此稱作大腸。整個消化過程到這裡會慢下來，讓細菌有時間施展魔法，所有在小腸中沒被吸收到血管裡的物質都在此終結，等著被分解、利用或排除。

　　大腸圈起的形狀像是有缺口的長方形，開始於**升結腸**在你的右側身體往上伸去，接著是九十度轉彎進**橫結腸**，這一段在你肚臍上方，由右至左，然後再轉彎九十度，進入在你左側身體的**降結腸**，再來一個小轉彎，回到中央之後朝下延伸到**直腸**，這是暫時存放的腔室，最後往下到達你的**肛門**。

　　大腸正是屁的誕生魔法發生地，同時還有其他幾件事也在同步進行，像是壓實與脫水。你腸胃裡的微生物數量大約有一百兆，總重量約兩百克，包括七百種細菌與其他像是單細胞生物與真菌的微生物。牠們在人類的結腸裡生存與繁衍，與食糜、黏液混和在一起，將食糜轉變成糞便。這裡沒什麼養分可吸收，但確實會吸收到水分與細菌製造的維生素，維生素 B_1 與 B_2。細菌也分解纖維來供應自己所需的燃料，並製造出短鏈脂肪酸。重要的是，細菌會分解可溶性纖維（主要是無法消化的碳水化合物），就會開始產生屁。

消化階段七：直腸

　　大腸的最後一段長度約十二公分，這是儲放屁氣與糞便的空間。當接收來自大腸的糞便時，直腸會擴張，牽張接受器收到壓力後會讓你感覺想上廁所。直腸空間如果滿了，壓力會迫使肛門壁張開，糞便會進入肛管，直腸縮短，以身體的最後一波肌肉蠕動將糞便推出去。

消化階段八：肛門

　　就快到了。肛管的長度大約有二‧五到四公分，方向直直往下，帶一點回勾，通往肛門開口，那裡由兩圈肌肉控制，分別是內括約肌（這是你無法控制的）與外括約肌（這是你可以控制的）。

消化階段九：現在快去洗洗手！

世界上最容易讓人放屁的食物是哪些？

　　這些增加屁產量的訣竅收集自胃腸醫學專家與科學研究者的建議，數百名接受我訪問與問卷調查的可愛民眾也幫了不少忙。

菊芋

　　大概是世上最強造屁原料，因為它大部分由一種稱為菊糖的碳水化合物組成（高達 75%），而且在腸胃中的作用有些特別之處。菊芋實在太會讓人放屁了，所以我另外以一個小章節來介紹它（請見第 58 頁）。

豆子與其他富含棉子糖的食物

聖傑洛姆（St Jerome，AD 347-420）曾建議修女們要避免食用豆子，因為 *"partibus genitalibus titillations producunt"*（「它們讓人陰部發癢」）。大家很好奇聖傑洛姆為何這麼懂陰部，但我想他原本要講的是放屁，只不過搞錯了。像是黃豆、斑豆、菜豆這些豆類，還有青花菜與蘆筍，都含有許多纖維，特別是像**棉子糖**以及水蘇糖、毛蕊花糖這樣精巧的寡糖。我們的小腸內沒有分解它們所需的酶（一種稱為 α-GAL 的酶），所以寡糖完完整整地保持原樣進到結腸，還好，結腸裡的細菌擁有這種酶，它們爭先踴躍地使寡糖發酵，進而產生大量氣體，一部分是因為它們喜愛纖維，一部分是因為（像菊糖一樣）寡糖發酵的同時會使細菌更賣力運作，有效地為這過程灌飽動力（寡糖類物質有益菌元的功用，提供體內益生菌動力）。

洋蔥、大蒜與韭蔥

這些食物含有聚果糖，聚果糖是種果糖聚合物，是另一種需要由腸道細菌而非小腸消化酶來分解的複雜碳水化合物。不同種類的洋蔥產生的屁量也不同。

十字花科蔬菜

又稱為蕓薹科蔬菜，高麗菜、花椰菜、青花菜以及抱子甘藍。這些蔬菜含有許多可溶性纖維（與大量維生素 C），可供細

菌飽餐一頓，不過也帶有不少硫代葡萄糖苷——來自葡萄糖與胺基酸的有機化合物，內含硫與氮——這種物質讓蕓薹科蔬菜帶輕微苦味，並且會分解為氣味強烈的帶硫化合物。

全穀物食材

包括全穀物麵包、麩皮、燕麥等。它們滿載著可溶性纖維，直接送達結腸，你彷彿能看見自己的腸道細菌興奮搓手、流著口水的樣子。這些食物可以製造大量的屁，但是不太可能為屁臭味做出什麼貢獻。

水果

這一項大概出乎你意料之外，但是包含李子、杏子、乾果李、桃子在內的很多水果（特別是果乾），都含有天然糖醇，這會讓細菌們在大腸裡開心發酵，樂在其中。

未成熟的香蕉

和熟透的香蕉比起來，未成熟香蕉有較多澱粉（屬於聚合醣類）與較少的單醣，這些**抗性澱粉**直接通行至結腸進行消化。這類香蕉無害，只是我不懂為什麼有人想吃還沒熟的香蕉。

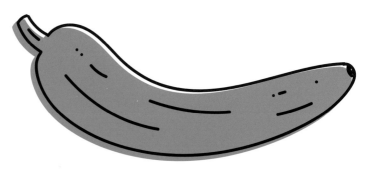

柳橙襯皮

有豐富果膠，是另一種澱粉（屬於聚合醣）。就像未成熟香蕉一樣，這類食物會直接向下運行，送到結腸發酵。

肉類與乳製品

高蛋白食物不一定會增加我們的排氣量（通常產生的量還較少），但對於臭味卻是大大的加分。蛋白質的基礎是胺基酸，有兩種胺基酸會分解成很臭的硫化物*。有研究顯示，半胱氨酸這種胺基酸能增加腸胃裡的硫化氫排放量高達 700%。

高脂肪食物

油脂是很迷人的，可在小腸被分解為 pH 值低的脂肪酸，因此我們會釋出高 pH 值、鹼性的碳酸氫鈉來中和它，讓 pH 值回到接近 7 的程度（不覺得人體很聰明嗎？）。碳酸氫鈉與脂肪酸的中和反應會產生二氧化碳氣體，使人感覺脹氣不舒服（若想看那是什麼情況，你可以試著將一茶匙小蘇打加入兩茶匙的檸檬汁裡）。這些二氧化碳有些被吸收進入血液，有些則流向結腸。

---

* 含有硫的兩種胺基酸分別是：甲硫胺酸 $NH_2CH(CH_2CH_2SCH_2)CO_2H$ 與半胱氨酸 $NH_2CH(CH_2SH)CO_2H$。半胱氨酸氧化以後會產生「雙硫鍵」$CH_2\text{-}S\text{-}S\text{-}CH_2$，這可以讓蛋白質維持在正確的型態。

馬鈴薯與穀物

這些食物含有可製造屁的聚果糖，會在結腸中分解。有個意想不到的變化很有趣：它們其實會減少臭味。研究顯示，食用馬鈴薯與穀物會使硫化氫產量減少 75%。

義大利冷麵與涼拌馬鈴薯

這項有點奇特，煮過的澱粉類食物冷卻後（特別是在冰箱中），會形成大型碳水化合物，稱為第三型抗性澱粉，是另一種腸道細菌特愛的多醣物質。

乳糖

牛奶微甜是因為含有這種糖，它會讓人更容易放屁，尤其是有乳糖不耐的人。如果你有這種情況，那麼你的小腸缺乏能分解乳糖的消化酶，乳糖會轉而由結腸裡的細菌來分解。細菌吃下沒消化過的乳糖會製造出氫氣，這也是乳糖不耐症的診斷依據之一。

香菇

香菇含有一種稱為甘露醇的多元醇（糖醇），會被腸胃細菌消化，有輕微通便助瀉的作用。糖醇被專門用做糖尿病飲食裡的糖精，因為不易被小腸吸收，必須等到之後的腸道才分解。

健身用高蛋白粉

大家都知道練重訓健身者放的屁特別臭，一般認為是因為他們額外攝取了會產生硫的蛋白質，導致胃腸細菌製造的硫化氫排放量增加。

山梨醇無糖口香糖

做為代糖的山梨醇通常是以玉米糖漿製成，熱量比一般蔗糖（餐用砂糖）低，常常是口香糖的甜味劑。山梨醇無法被消化，可能導致胃腸不適，可作通便瀉藥之用，將水分引入大腸，刺激腸道運動。它的分子質量大，使它在小腸中難以分解，只好來到結腸。到了結腸，山梨醇會增進腸道細菌的發酵能力，促進氣體產生。

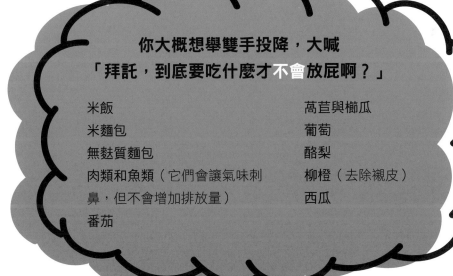

你大概想舉雙手投降，大喊
「拜託，到底要吃什麼才不會放屁啊？」

米飯	萵苣與櫛瓜
米麵包	葡萄
無麩質麵包	酪梨
肉類和魚類（它們會讓氣味刺鼻，但不會增加排放量）	柳橙（去除襯皮）
	西瓜
番茄	

菊芋究竟是什麼東西？

第一個嘗試菊芋的英國人古德埃（John Goodyer）發誓說：「它會在肚子裡翻攪，逼出一股噁心、討厭的難聞臭氣，同時讓人肚子疼痛難耐。」

菊芋（耶路撒冷朝鮮薊）為何排第一？

菊芋會直接導致巨量的胃腸排氣（視個人體內的生物群落狀態而定，但我的情況是一下肚就如蒸汽火車怒衝一波），是貨真價實的舉世最強造屁食材，這種塊莖植物身上有許多凸起疙瘩，它並非源自耶路撒冷，和朝鮮薊也沒有關係（吃起來味道是有點像），這是一種原生於北美洲的向日葵，在當地販售時稱作「塊莖向日葵」（sunchoke。不過我比較喜歡法文名稱 *topinambour*，字源是傳說中的亞馬遜食人族 *Tupinambas* 部落）。它們容易被誤認為薑或薑黃根，若是一時不察將它們種在自己的園子裡，想要擺脫掉可得費一番功夫，這種怪物會如火如荼地生長與繁殖，在我明白我們家的消耗量完全不可能追上它們的產出速度後（我太太發誓再也不吃這東西了），我花了四年的時間拚命挖，才將它們從我租的小菜園徹底根除。

菊芋如何使人放屁？

　　一切都是菊糖的錯，這是較複雜的大型碳水化合物（更精確的說法是多醣*，由一長串的單醣組成），這種物質可以在舌頭上嘗得出來（試著咬一片生菊芋，會感覺到類似蘋果的微甜），可是小腸裡沒有合適的酶來分解它。事實上，因為菊芋對腸道中的酶而言是難以分解的，所以被歸類為「難消化食物」，因此菊糖來到結腸時幾乎是完好如初，這時結腸裡的細菌大快朵頤，並附帶地製造出非常多氣體，如二氧化碳、氫氣、甲烷。有個意想不到的好處是，菊糖也會轉化為益菌元，可以供應細菌所需，幫助細菌蓬勃生長，發揮最大效能，因此才會使你的屁產量全面上衝。說真的，這是個好東西，菊芋裡的菊糖比較像是儲藏的能量，而不是澱粉，大多數其他塊莖類作物所含的都是澱粉，如馬鈴薯。順帶一提，在小麥、香蕉、洋蔥、蘆筍與菊苣（最後這項是工業提煉菊糖的主要來源）這些食物裡也有低濃度的菊糖。最近菊糖愈來愈受到關注，是因為可當作低蔗糖食品添加物，又可幫助鈣質吸收（不過你如果飽受腸躁症之苦，可能會敬而遠之）。

---

* saccharide 是指各種醣分子，polysaccharide（多醣）一詞中的 poly，意思就是「多」，所以是由許多單醣組成的。

菊芋的歷史

　　十七世紀中期曾有一段時間，菊芋似乎成了韌性強的新型根莖類作物，因為它容易種植，產量高，而且其塊莖能永無止盡地存留在土地裡。只不過它後來還是被哥倫布大交換帶來的另一種新奇產物 —— 馬鈴薯 —— 取而代之。菊芋經常被種來當作牲畜飼料，法國人長久以來則是反覆切換著菊芋對他們的功能，有時是餐桌上的料理，有時候又成了食槽飼料。現代的食譜作者在建議讀者以菊芋入菜時，老是忘了警告我們它有哪些副作用，倒是古德埃說得清清楚楚，也被一六二一年出版的《傑洛德草木誌》記錄了下來：

> 「不管如何調味、用什麼方式吃這玩意兒，它會在
> 肚子裡翻攪，逼出一股噁心、討厭的難聞臭氣，同
> 時讓人肚子疼痛難耐，這應該給豬吃，而不是叫人
> 來品嘗。」

有沒有可能吃了菊芋而不放屁？

　　不可能。重點是我們有充分理由大啖菊芋，因為菊芋烤過很好吃，拌在沙拉中生吃也很棒，而且口齒留香的菊糖滋味甜美，口味帶著淡淡花香。多數宣稱「治療」腸氣的偏方都是一派胡言（有些竟然還建議**服用**菊糖來遏止排氣，那只會讓情況變本加厲），如果吃菊芋會讓你肚子痛，恐怕就只能避免食用了。當然，如果你熱愛嘗試花式放屁，這些小小的勁量屁池會是你的最佳助手，剝好皮之後和馬鈴薯放在一起烤，當假日午餐吃，然後就能坐以待屁，等著噴噴樂囉。

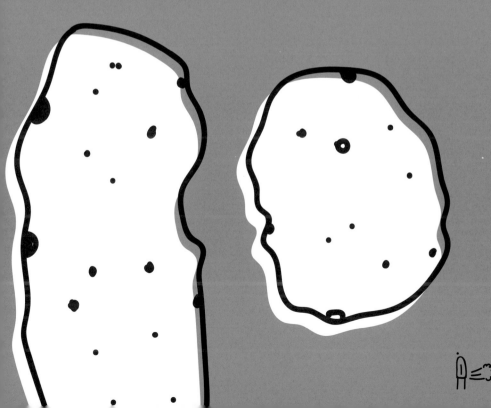

世界最佳造屁食譜

如果你的客人都格外有冒險精神，何不邀他們一起來場催屁晚宴？

火箭動力級烤菊芋

結合了臭名昭彰的菊芋與蔥類食材燒烤，能引發菊糖供應的最大排氣量（就靠菊芋），且保證帶著硫的惡臭（歸功於蔥蒜燒烤）。威力強大到我已被終身禁止在家裡做這道菜。有興趣的話，這道料理很適合用來測試人體代謝的過渡時間，只要記下進食時間點，然後再記下自己從什麼時候開始放屁超過平常的量。

分量約為兩份小餐點或四份配菜

750 克菊芋

半顆檸檬的汁和檸檬皮

4 顆小的紅洋蔥

1 整顆大蒜頭

1 湯匙的新鮮百里香葉

1 湯匙的新鮮迷迭香葉

2 湯匙的特級初榨橄欖油

少許鹽和胡椒

2 湯匙的松子

6 片煙燻五花培根，切丁

1 小把香菜

1. 將烤箱預熱至 180°C。如果您的菊芋是乾淨又平整的（有許多不同的品種），請用指甲刷擦洗，切成大塊，然後放進檸檬汁裡以免它們變成棕色。不然也可以把皮剝掉，然後切成大塊，再倒入檸檬汁中。

2. 洋蔥去皮，切成四分之一。

3. 蒜頭切對半。

4. 將所有的蔬菜，連同檸檬皮、香草、橄欖油和調味料（除了香菜以外），都放入烤盤。

5. 烤四十分鐘。同時，將松子和培根分別放在小煎鍋中烘烤，然後放在一邊。

6. 四十分鐘後檢查菊芋。如果有漂亮的金褐色，感覺酥脆，就完成了。如果還沒，多烤十分鐘後再檢查一次。試吃一下調味料。

7. 將香菜、培根和松子撒在菊芋上面，就可以上菜了。

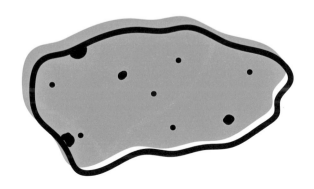

甜糞坑

　　甜菜根的美妙之處在於它會將你的便便染成紅色，因為它有一種名為甜菜青素的紅色染料，其中大部分染料在整個新陳代謝過程中都能完整保留，不過你胃裡的酸性有多強會有點影響。甜菜根富有膳食纖維，會讓人大量放屁，這道食譜為了有硫的臭味還特地加了蔥。

500 克新鮮甜菜根，擦洗後切成楔形大塊狀

6 到 8 個蒜瓣，去皮但保持整顆不切

6 湯匙橄欖油

1 茶匙的新鮮百里香葉

2 大顆紅洋蔥，去皮，切成薄圓片

鹽和胡椒

2 湯匙紅酒醋

1½ 湯匙紅糖

4 湯匙法式酸奶油

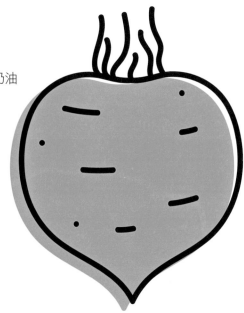

1. 將烤箱預熱至 180°C。將甜菜根、蒜瓣、三湯匙橄欖油和百里香葉放入烤盤中，搖搖拌拌，塗抹均勻。將托盤放入烤箱，烤大約四十五分鐘，直到邊緣酥脆。
2. 烤甜菜的同時，將剩餘的橄欖油倒進大的煎鍋，起鍋溫度不要太高。加入洋蔥和少許鹽，不斷翻攪，大約炒二十分鐘。
3. 待洋蔥變軟並呈現褐色，加入紅酒醋和紅糖，持續攪拌至蒸發並變黏稠。完成後先放在一旁。
4. 甜菜烤好後，用糖醋洋蔥將它們塗滿包裹起來，淋上法式酸奶油，然後就可以端上桌了。

生理學大驚奇！
簡易臭味雙重奏，尿染沙拉

　　這道菜最適合用來招呼毫無防備的朋友。蘆筍含有一些相當與眾不同的化合物，會分解成甲硫醇與甲硫醚，讓你的尿帶有高麗菜爛掉時那種強烈臭味。利用這一點，再加上菊芋造屁成災的實力，以及甜菜根的便便上色能力，一場怪奇生理現象齊聚一堂的盛宴就成形啦！

300 克甜菜根
1 束蘆筍，切成五公分的條狀
300 克菊芋，去皮切成一英鎊硬幣大小的片狀
1 小把新鮮羅勒葉

佐料：

半顆檸檬的汁

1 茶匙第戎芥末醬或完整帶粒芥籽醬

2 湯匙優質的特級初榨橄欖油

1 茶匙蜂蜜

鹽和胡椒

1. 開小火，讓甜菜根在滾水中煮四十分鐘，然後瀝乾並冷卻。等甜菜根夠涼不燙手時，用小刀片剝皮。只要將皮削去即可，這時應該很容易剝掉。把甜菜根切成楔形塊狀後放在一邊。

2. 同時將一大鍋水煮沸，放入菊芋，再加入蘆筍。汆燙時間不要超過兩分鐘，撈出瀝乾。把所有的蔬菜放在一個碗裡。

3. 將所有佐料倒在罐子裡混合，密封後搖一搖，直到它們均勻混合。澆淋在蔬菜上，徹底拌過。換到另一個碗中準備上桌，再撒上羅勒葉。

終極屁總會

　　你看過布魯克斯（Mel Brooks）執導的《閃亮的馬鞍》*嗎？那你懂我要說的了。

---

* 譯註：一九七四年上映的西部喜劇片，當中有一經典場景，好幾個牛仔圍坐在營火旁，一邊吃豆子，一邊不停打嗝、放屁。

500 克上好香腸

用於煎炸的橄欖油

6 片煙燻五花培根

兩罐 400 克已煮熟的扁豆或蠟豆，瀝乾

400 毫升義式番茄糊

鹽和胡椒

　　用少許橄欖油煎香腸約十到十五分鐘，直到煎成金褐色，然後放在一邊。放入培根，煎至酥脆，然後將香腸放回去，加入豆子和義式番茄糊。不加蓋，小火煨大約十到十五分鐘，直到番茄醬開始變得濃稠。撒調味料，上桌開動。

鴨屁雞尾酒

　　這款阿拉斯加特產並沒有任何屁產值，只是名字取得好的好喝雞尾酒。

　　拿一個大玻璃酒杯或雪利酒杯，將以下成分慢慢倒入：

1 份卡魯哇咖啡利口酒

1 份貝禮詩愛爾蘭奶酒

半份加拿大威士忌

就這麼簡單。

有個年輕人第一次拜訪女友的爸媽。當他
和兩位長輩坐在一起用餐，那緊張可想而知，
所以他需要抒發釋放一下也是情有可原吧。

還好，女友家養的狗巴克跑過來討拍，他
藉機偷渡一顆屁，手在空氣中揮了好幾下，一
邊對著這隻過分熱情的狗狗說：

「好了好了，夠了，巴克，走開吧。」

相同的情況又重複好幾次之後，女友的老
爸說話了：

「巴克，聽他的話快走吧，不然他要拉在
你身上了。」

—— 出自道森（Jim Dawson）
所著的《是誰偷放屁？》
1998 年 Ten Speed Press 出版

屁是不好的嗎？

廣義來說，屁沒有害處。一方面，屁之中的氫氣極可能爆炸；一旦氫氣與氧氣混和，就會產生威力強大的**氫氧爆炸**，後果很恐怖，我的鄰居可作證（相較之下，甲烷爆炸就小巫見大巫了）。另一方面，還好屁裡的氫與氧濃度很低，通常惰性的氮氣占了絕大多數，所以你放屁不是在玩命。放屁是完全自然、正常的消化功能，你該為自己放屁高興，代表你攝取了足夠的纖維以維持健康。

那麼，什麼情況放屁是不好的呢？

1. 如果你是一頭牛。你的消化系統會反芻咀嚼，以發酵為主，「反覆研磨」後，在打嗝時製造出**超級多**的二氧化碳與甲烷，這些都是危害甚鉅的溫室氣體。壞牛牛。

2. 如果你「腹脹」疼痛。每個人偶爾都會這樣，但是你如果已經痛了好一陣子，肚子腫脹，放屁放得太誇張了，或者覺得自己的屁臭到讓人想吐，我想你最好去看醫生，那很可能是別的生理問題症狀。有屁就放，勇敢說出來，別害羞了。

3. 不管是屁的聲響或臭味都讓你丟臉到不行，危害到生活品質（以至於你停止一切社交活動），或者限制了飲食（你因此再也不吃有纖維的食物了）。大家普遍覺得放屁是粗鄙無禮，讓人難為情的，雖然本書頌揚放屁，但若因此對大眾觀

感視而不見就太愚鈍了。這種愛裝正經、對人指指點點的情況是很奇怪的，如果我們都能成熟點，讓屁這件事得到應有的重視與討論，應該會比較好，不過短時間內不太可能改變現狀。如果你真的決心要抑制自己排氣，請參考第 112 頁。

屁氣本身肯定沒什麼益處，對吧？

只要劑量夠高，屁的每一種成分都能致命，不過量非常大的話，就算是水、香水、胡蘿蔔汁或倉鼠都能要人命。毒物學（研究有毒物質）的基本原理是，一切視劑量而定（究竟攝取了多少），如果在短時間內灌下太多，就算水也會毒死人，此觀念最早是由帕拉賽爾斯（Paracelsus，1493-1541）這位先生提出的，他說：「萬物皆毒，毒蘊於萬物，惟適量方能去毒。」

所以，沒錯，屁的成分任何一種都**能夠**殺死你，只要你光是吸這些東西，而沒有其他氣體，持續時間夠久就會喪命，但這真的不太可能。

　　另一方面，英國艾克斯特大學做了一項研究，想查出硫化氫（給屁帶來臭雞蛋味的元凶）的潛在益處。雖然高濃度的硫化氫是有害的，但經證實，微量硫化氫可保護細胞的粒線體，粒線體能為細胞提供能量，也會因疾病而受損。目前還不確定肺臟是否真的會從漂浮的屁氣中吸收硫化氫，但能夠知道長期被視為毒氣的物質可用來對抗細胞疾病，這感覺真不錯。

　　有件事不能不說：即使我們都挺喜歡自己的屁，卻通常討厭吸到別人的。在屁的世界裡，屁是誰放的決定了一切。我們不喜歡別人腸子裡飄出來的不速之客，部分原因是我們本能地想避開糞便，因為那帶有病菌（所以屁不是毫無用處的廢物）。這樣真丟臉，真的。

我們腸子裡有什麼樣的細菌，它們有益或有害？

　　不管任何時候，你的腸子裡都有兩百克細菌，數量約一百兆隻，種類超過七百種，此外還有一大堆像是古菌、真菌、單細胞生物這樣的微生物，全都不分日夜地在你體內扭來動去。如此龐大的數目很快就讓人提不起興趣，但請記得，一般認為人全身上下只有三十七兆個細胞，這下你明白這些小生物王國對你的影響力了：你體內的異種生物比你自己的細胞還要多。我們才正要開始好好瞧瞧它們對我們的身體健康與生活美滿有多麼重要呢，這些細菌現今被視作一個集合的工作群體，得到像**生物群落、腸道菌叢**與「被遺忘的器官」此類稱呼，不是沒有原因的。甚至像帕金森氏症、阿茲海默症這類神經退化性疾病的病變時程都受這些細菌控制。

　　細菌可能導致嚴重的疾病，但這不代表它們毫無益處，它們其實可以幫上大忙。這是一種已知的共生關係：我們是細菌的宿主，提供結腸給它們做為住宿、進食與繁衍的舒適環境，反過來，細菌會製造我們必需的維生素與礦物質，還有我們排放的氣體，它們也為我們分解食物。

細菌有益或有害？

　　我很想給你一個非黑即白的答案，但**事情可沒這麼簡單**。不同的細菌共同生存在我們的腸子裡，它們彼此之間、與我們的身體之間，都有複雜的相互作用，對此我們仍所知不多。有些細菌在腸道中安全無虞，可是到了腸道外頭就可能有害（沙門氏菌、金黃色葡萄球菌、破傷風桿菌都會引發嚴重疾病）；千萬別忘了，世界上任何物質一旦達到某個量就會產生毒性，有些微生物很活躍地造福我們，有些似乎不是這麼回事。有些細菌會讓膳食纖維發酵，轉化成醋酸與丁酸，合成維生素 B 與 K，並代謝脂肪酸，製造類似荷爾蒙的化合物，這些作用讓它們看起來似乎是益菌。即使我們仍未完全了解這些細菌，從心理衛生到發炎與自體免疫問題，在許多醫學領域，腸道生物群落都被視為重要因素。

儘管你腸子裡有三百到一千種細菌，但其中三十到四十種占了腸道細菌總數的 99%。主要菌種如下所列，大致依照出現的機率排列：

- 柔嫩梭菌屬
- 擬桿菌屬（在我們的腸道菌叢裡，這類細菌還分成好幾個不同種類，大約 30% 的腸道細菌屬於此物種。一般情況下與人體互惠──益菌，很好──嗜食蛋白質與動物性脂肪的人，體內這類細菌特別多。）
- 大腸菌屬（例如大腸桿菌）
- 腸桿菌屬
- 克留氏菌屬
- 雙叉桿菌屬
- 葡萄球菌科
- 乳酸菌屬
- 梭菌屬
- 變形桿菌屬
- 假單胞菌屬
- 沙門桿菌屬
- 普雷沃氏菌屬（吃很多高纖碳水化合物的人體內可見）

另外還有這些真菌屬別：
- 青黴菌屬
- 念珠菌屬
- 酵母菌屬
- 紅酵母屬（腸躁症患者體內常見）
- 格孢菌屬
- 麴菌屬
- 核盤菌屬

排泄物之樂

便便（或者正經點，可說排泄物）

　　去上大號常會說是「撇條」、「做蛋糕」或「拉屎」（taking a crap）（最後這個據說源自十九世紀的克拉普馬桶公司〔Thomas Crapper & Co toilets〕，但其實更早就有人這麼說了）。若是取諧音押韻，可以說，來一波雪特（take an Eartha [Kitt]）或小噗駕到（take a William [Pitt] or Brad [Pitt]）＊。

　　若說排泄物（糞便）是屁的母親，那麼尿液就是它的兄弟，汗算是它的姊妹，而鼻涕就是它的叔叔。結痂、耳垢、唾液、嘔吐物和肚臍屎都是婚禮或葬禮才會碰面的古怪遠親……以上這些證明了生物學／人類學某種程度上可相互隱喻關聯。

　　糞便是代謝後的廢物，也就是消化過程遺留下來的東西，以及身體想要排除的一批其他產物。男性的排便習慣與女性不同，男性平均每週排便九‧二次，但女性只有六‧七次；40％的男性每天撇條一次，女性則為33％。雖然7％的男性每天做兩次或三次蛋糕（敝人不才，原本還以為自己固定一天拉三次是主流

＊　譯註：take a kit 與 take a pit 和 take a shit 諧音。Eartha Kitt（1927-2008）是美國女演員、爵士樂與百老匯歌手；William Pitt（1759-1806）是十八世紀晚期、十九世紀早期的英國著名政治家；布萊德‧彼特（Brad Pitt，1963-）為美國男演員及電影製片人。

派），但只有 4% 的女性如此。而且，有 1% 的女性每週小噗最多才一次，噴噴。雪特一般最受歡迎的時間是凌晨，男性會比女性早解決這事。

糞便的成分是什麼？

糞便裡有多種小腸無法吸收（因此留待大腸細菌來使其腐爛）的食物混和在一起，還有多餘及死掉的細菌、代謝過程產生的廢物、死去的腸道細胞，它們全都順勢被包覆在黏液中，這樣滑出你的屁股時會比較順暢。

- 30% 為不溶性膳食纖維（不可消化的食物，如山梨醇、纖維素、菊糖）
- 30% 為細菌，有死的也有活的（細菌會持續進行替換）
- 10 ～ 20% 為無機物，例如磷酸鈣
- 10 ～ 20% 為油脂，如膽固醇
- 2 ～ 3% 為蛋白質
- 腸道壁的死亡細胞
- 膽紅素，老的紅血球細胞分解時會產生的一種黃色物質
- 死亡的白血球細胞

每個人的便便各不相同，而且每天的飲食內容、消化系統功能好壞與健康狀態都會使糞便有些變化。雖說排便是人體消化過程相當正常的一環，但安全衛生是我們無時或忘的，裡頭的細菌與病原體本來就不該跑進我們嘴巴或肚子，那樣子的話，麻煩就大了。要記得勤洗手！

布里斯托大便分類法

　　除了懸索吊橋、柏油碎石路面與協和客機，這個分類法也是英國布里斯托大學為人類做出的諸多偉大貢獻之一（讓我們說清楚講明白，stool 這個字的意思就是糞便）。此分類法是布里斯托皇家醫院一九九七年研發的，這份美妙的列舉名單和 BBC 那**依照討厭程度排行**的最叫人不爽髒話正式列表一樣，是那種你想不到會有人認為應該發明，可整體看來又覺得還好他們有做出來的好東西，裡面的描述還真能打中心坎。比方說，「像香腸或蛇

第一型		一顆顆小硬球，有如堅果（很難通過）
第二型		香腸狀，但表面有凹凸
第三型		像條香腸，但表面有裂痕
第四型		像香腸或蛇一樣，滑順又柔軟
第五型		斷邊平滑的柔軟塊狀（容易通過）
第六型		邊緣粗糙的蓬鬆塊，糊狀大便
第七型		水水的，無固體塊，完全液態

一樣，滑順又柔軟」，唔，這聽起來其實還蠻正常的。你也許會好奇，我就先告訴你好了，我個人最愛第三種類型——「像條香腸，但表面呈現裂紋」。

你大概正在思考，要這個分類法做什麼，有多少人的大便那麼奇特，值得提出來大聲嚷嚷？嗯，說出來會嚇到你，糞便型態可歸類為正常的男性只有 61%，女性只有 56%。世上千奇百怪的大便**多得是**，你覺得正常的玩意兒，或許實際上怪得很，要不是有人真的下功夫弄出這份列表，你大概永遠都不會曉得。

糞便移植

各位讀者請先做好準備：下面要講的會讓人**想吐**。像是腸躁症這類消化失調症狀，雖然極其嚴重但我們仍一知半解，有些人卻已不堪其擾，只好尋求某些極端的解救方式。其中一種是糞便移植，我強烈建議你別嘗試。其原理如下，腸躁症起因於腸道菌種數量失衡（也就是你的「微生物群落失衡」），可能有一種或一種以上的細菌叢繁殖得比其他的多，由此衍生出種種問題。有些人不惜一切想解決此一困擾，於是他們⋯⋯呃，找不到委婉點的講法⋯⋯挖來健康人體的糞便，噴到自己的屁股上，希望健康人體糞便裡較為平衡的細菌群，移過來後會生長繁殖，達到正確的平衡數量，治好原本病狀。

乍看之下有些道理，但是——這個「**但是**」不容忽視，改變自己的腸道細菌是福是禍無人知曉，而可怕的副作用是曾被報導

過的。至少有一個案例好像是體重增加，其他幾個造成心理問題。美國有幾家診所執行這種療法，據說有很多人是在家自行動手做。千萬別這樣做，風險很大，我們對這種移植的了解還不多，或許可能引發更嚴重的問題。

食物如何被推進，如何在身體中通行？

食物與飲料在你身體裡被推擠行進，藉由腸胃管道一連串有如波動的收縮與放鬆動作 —— 稱為「蠕動」—— 一路從嘴巴到肛門。你大概不覺得這有什麼了不起，但是請記得，你的消化道長達九公尺（其實是解剖後的放鬆狀態有這麼長，在活動的人體中應該會短一些，因為它通常處於緊繃狀態）。想像一條九公尺長的牙膏管自己將食物擠出來，或者想像一條超大蚯蚓（蚯蚓的確是用相似的系統移動自己，和我們的消化道實在非常像），你就大概抓到感覺了。消化道大部分被環狀肌肉包圍著，這些肌肉一起運作執行蠕動，你自己無法直接控制。

只要你吃下一口東西，開始咀嚼，那東西就成了胃腸專家所說的**食團**，食道開始進行第一波蠕動，食團被往下推向胃部。食

道周圍的神經感應到食團下滑，就在食團行進路徑前的肌肉會鬆弛好讓它通過，然後在後方收縮來推動它。做法相當聰明，完全由神經系統引導安排，不需要你費心。我的兩位朋友，明尼斯（Alex Menys）與菲茲克（Heather Fitzke）帶我到倫敦大學學院醫院做核磁共振掃描，拍到我體內消化道蠕動的畫面，這段影片很精彩，你在 YouTube 頻道 Gastronaut TV 可以看到。

　　食團一進到胃裡，沒事找事的胃腸專家就改稱它**食糜**了。另外，也許你剛剛嘔吐過所以會有此一問，我告訴你，嘔吐並**不算**蠕動行為，它只是你腹部肌肉收縮而已。

　　一旦胃部處理完你那一口東西，食糜就被推擠穿過**幽門**（看起來像括約肌，但它不是），進入小腸——寬度小（大約是中指

粗細），但長度可達六公尺左右。到了這裡，蠕動速度變得和蝸牛一樣慢（除非剛好腹瀉，此時身體想盡快排除壞掉的食物），因為加入了新工作，要將食糜與消化酶混和，讓酶將食糜分解為原本的組成分子，產生的這些分子會被小腸壁吸收，進入血管供身體利用。

當小腸處理完食糜後，食糜進入大腸（一·五公尺長，六、七公分寬），這裡會有細菌分解剩下的有用物質，水分被吸收到血管中。這裡也有蠕動，但主要運送的力量是**塊體運動**，每吃下一餐就會引發這種移動，一天發生好幾次，會將食糜推向直腸，基本上就暫存在那裡，直到你準備要上廁所的時候。

進入直腸後，食糜就成了排泄物。糞便進入時，直腸壁擴張，累積足夠壓力後，伸張受器會被啟動，傳送訊息給神經系統，告知你需要去上廁所。要是你不去上，糞便可能會被推回結腸，這表示被吸走的水分會比平常多，使糞便變得更乾、更硬，有時就會造成便祕。所以該上的時候就上吧。

當你有便意了，你坐在馬桶上（或者蹲著更好），結腸裡的壓力愈來愈高，最後糞便進入肛管──解放前最後一段伸展。直腸收縮，糞便直下，最後幾波蠕動將它們推出直腸，通過肛門。這叫人羞羞臉的美妙航程最後一段結束於內外括約肌將肛門收起，讓糞便在下面歡喜道別而去。

現在去洗洗手。

不放屁會發生什麼事？

砰轟！

　　說我們不放屁就會爆炸，其實有點簡化問題，事實上情況會變得遠比那樣還要猛。如果你真的下定決心，也有辦法憋住屁，以下是可能的後果。嗯，我們把最糟的放最後講。

1. **疼痛** 一開始你會感到不舒服，有點脹氣，漸漸地轉變成痛的感覺。腸子痛就表示消化系統有些不對勁了，腦子不正常的人才會繼續下去，但如果你真的繼續，可能很快就會消化不良與胃灼熱。這還只是開始。

2. **氣息有屁臭** 如果屁氣待在腸子裡太久，也有可能再度被血管吸收，在呼吸中排放，那可不妙。

3. **打嗝有屁臭** 若你繼續堅持憋屁，最後就會嗝出屁來，這稱為逆流，一般是因為胃裡面的東西往上跑，而不是向下走，例如嘔吐的時候。然而，你如果忍住屁不放，而屁無處可去，那氣體可能會順著腸子往上回流，導致打嗝時帶有酸臭屁味。這種氣體失控逆流可能發生在腸躁症患者身上，因為氣體通過他們腸子的速度比較緩慢。

4. **腸子壞死** 憩室病很常見，憋屁被認為是引發憩室病的原因之一。氣體累積時會在腸道壁上製造出袋狀物，如果這些袋狀物發炎，就可能導致穿孔憩室病。若沒有及早診治，這些部位會發生血液感染，而你也可能死於敗血病。一點都不好玩。

為什麼有些屁感覺比較熱？

　　我們都有過這樣的處境：偷偷瞄著你有點心動的男孩／女孩 —— 不過大部分心思還是放在自己的工作上 —— 此時你感到直腸有股壓力，暗示有顆屁蓄勢待發。你朝那男孩／女孩瞄了一眼，心想：「還好吧，不是多強的一顆屁。」所以你微微、微微地抬起左邊屁股，鬆掉括約肌，盡可能控制好氣流的釋放，免得太大聲。在它靜靜解脫的同時，你心裡這麼說：「幹得好，簡直是放屁大師。」可是你得意的心情隨即化為沮喪，一股溫熱的感覺意外萌現，你褲襠暖烘烘的，喔，老天啊，拜託不要是**那個**吧，這和你原本想的不一樣！你憑直覺就知道自己噴了一顆噁爛、惡臭、髒死了的薰屁，眼下只有一個救命辦法：找替死鬼。於是你看看四周，大聲嘖嘖嫌惡，並掛上一副超無辜的表情，當然，大家都不是傻子，而你的內心崩解，早知道今天就把自己關在家裡。

熱屁的科學解釋

　　為什麼無聲卻要命的屁都如此**暖熱**又薰臭？這是因為細菌在腸道中分解膳食纖維時產生了某種作用，這過程稱為**新陳代謝**，

有機物質的細胞中發生一連串變化，養分轉化後供身體使用，同時也產出了一些新成分。細菌轉化養分（例如**糖酵解**過程是葡萄糖被分解成丙酮酸）時，破壞性的「分解」過程稱作**分解代謝**，複雜的分子此時被分解成較簡單的分子，這個過程會釋放大量熱能，造成熱屁。這種從化學能到熱能的轉變稱為**放熱**反應（一種使溫度上升的反應），之所以會如此是因為像**糖**這樣的分子其連結中儲存著能量，這些分子分解時，有些會快速移動。也就是說，它們發熱。

　　所以呢，當條件剛好能使食物的代謝全速運轉時，就容易有熱熱的臭屁：有大量養分供應腸道細菌（也就是你吃下許多膳食纖維），腸道中擠滿活力充沛的細菌，它們或許長久以來就被纖維養得活潑強壯，又或許是你補充了很多益生菌，而且它們處於絕佳的工作條件，諸如體內熱度與酸鹼值都恰到好處。這樣一來，屁量與屁臭應該都會達到滿檔，你該為自己感到幸運啊！

至於那些拍人放屁的紅外線影像……

　　網路上有許多錄影片段，號稱是以紅外線偷拍人日常生活中若無其事地放屁，影片都很好笑，但我們可以百分之百肯定全是造假。因為工作需求，我們自己有一臺性能很好的紅外線攝影機，也拍了許多屁，試圖捕捉那飄忽易逝的歡樂煙雲，但要看見那東西是不可能的，那只是某人突發奇想，拿些好笑的圖片造假合成，企圖搏君一笑罷了。

第三章
屁之物理學

《 啪 !! 》

噗 !

砰……》

屁的聲響從何而來？

歡迎來到**羞羞**物理學的領域，尤其專攻肛道聲學（研究產自屁股、引發聲響的力學波）與括約肌專屬之流體力學：研究穿越肛門的氣體與液體移動。接下來有不少關於肛門與括約肌的討論，請做好心理準備。（就一個沒念過醫學院的人而言，我研究過的肛門圖表應該是世界上最多的。）

聲音來自能製造許多壓力波的振動。人類只能聽見每秒發生一定次數的波動（頻率），範圍特別是介於每秒二十次的重低音（20Hz）和每秒兩萬次的極高音（20KHz），因此，一顆屁要被聽見，必定來自振動頻率在此範圍的某種東西。這東西就是你的肛門，說得更明確點是你的直腸外開口，由肛門內括約肌與肛門外括約肌這兩組環形肌肉牢牢控制著。

氣體在直腸這處氣體與糞便儲存槽裡累積時，壓力隨之累積，你會感覺到屁意或便意，因為有一組輕巧細微的機械式受器會傳訊息到大腦，說：「留意後頭，朋友，大條的要來了。」這些知覺很靈敏，因此你通常可以分辨是屁還是大便。當你決定放鬆肛門外括約肌時（肛門內括約肌是你無法控制的，只有外括約肌在你掌控中），受擠壓的氣體就能衝開一個小漏洞，穿過肛門。

　　但，為什麼屁氣釋放時肛門會振動，發出那要命的呸呸氣音呢？好，這是因為壓力與摩擦力的緣故。情況是這樣，括約肌打開一點縫隙讓屁出來，但就在氣體移動時，氣體也在屁流過的同時將肛門括約肌吸回來，部分是因為流速快使壓力降低，部分是因為氣流沿著括約肌周圍繞出，還有部分原因是有洞開啟，直腸裡的壓力稍微下降。因此洞會短暫關閉，但幾乎在關閉的同時，壓力又多一些，再度把洞推開，降低壓力後又關上，如此反覆形成快速打開又關上的動作。當這打開又關上的重複動作每秒發生至少二十次，恭喜中獎，你製造了在聽覺範圍內的長串壓力波，獲得一顆屁了！從這裡開始就會談到流體力學*。很神奇，對吧？

---

*　給某些物理達人讀者。流體力學有個關鍵原理稱為白努利定律：流體速度增加時，壓力會降低。但是，任何能力還不差的工程師都知道，這只適用於流線（流體在力場中的流動線條）當中。麻煩的是，一旦你的屁通過肛門內括約肌，到達肛門外括約肌並逸出成為開放狀態，要確定流線實際上的位置就變得複雜了。（請參考第 90-91 頁）

　　所以，直腸內高壓與屁從肛門衝出瞬間所創造的低壓進行對抗，打造出響屁。

　　在屁流出時縮緊或鬆開括約肌也能讓你改變屁的響聲——將屁眼擠得愈緊，音調就愈高，因為這樣會增加直腸裡的氣體壓力——而括約肌愈緊，孔洞愈小，振動就愈快。

　　看來有點兩難是吧？將括約肌鬆得太開有可能會洩出一點便便（一般稱為**水屁**），而更糟的是完全不放屁。括約肌真是不聽話。

　　藉由控制括約肌，你可以創造娛樂效果（請見第 133 頁），也能維繫自己與心儀對象的關係。比方說，如果天還沒亮你就驚醒了，感覺有股大砲即將引爆，可是又不想吵醒枕邊人，請先為空氣撇條做好準備，在氣體即將出來時，就把兩瓣屁股盡量掰開，這樣括約肌篤定張開著，無法振動產生那熟悉的刺耳聲，你的直腸氣逸出只會帶著潛力被浪費掉的一絲咻咻嘆息，你的床伴依舊無知是福的安然熟睡（當然啦，還得看看它荼毒嗅覺的程度）。後續氣流當然也要小心，但多數練過的放屁人都有辦法好好收尾的。同樣的情況，如果已經早上七點，太陽晒到你伴侶的屁股上了，請收起自己的屁股與括約肌，像琴弓一樣繃緊，再用全力一洩而出，早安！

白努利定律或寬德效應

丹尼爾・白努利（Daniel Bernoulli，1700-82）是瑞士物理學家兼數學家，出生於苛薄善妒又工於心計的科學世家。他在力學研究中的數學應用這方面特別有天分，以**白努利定律**聞名後世，該定律描述流體力學中的能量保留現象。聽起來很無聊，實際應用卻很有趣，這是汽車汽化器運作的基本原理，可能也解釋了屁在不同情況下會以不同壓力與速度行進的現象。

白努利定律是這樣的：在運動的流體中，流動速度高的點承受壓力比較小。

據稱能表現這個運動現象的典型科學演示就是讓乒乓球在吹風機的氣流中漂浮，或者我個人偏愛的做法是，用吹葉機讓沙灘球飄起來。有不少物理學家爭論這現象究竟與白努利原理相關，還是寬德效應所致，不過利用紋影光學（Sschlieren optics）這種漂亮的視覺呈現技巧來分析球體周圍的氣流，可以清楚顯現球離

開中央氣流，移向一旁，和噴射器中間較快的氣流相比，外側氣流速度較慢，球正被吸——與推——回到中間。白努利原理適用於封閉系統，但是在這個例子也行得通。屁也一樣，當它衝出括約肌時會產生低壓，將括約肌吸回關閉位置，括約肌之前打開放出屁時，壓力暫時減弱也有關係。

羅馬尼亞工程師寬德（Henri Coandă，1886-1972）當兵表現糟透了，幹工程師的工作則特別優異，自稱他製造的寬德1910是史上第一架噴射機（不過他同事及當時的人都不相信那是史上第一架）。他在空氣動力學下了功夫，發現噴射的流體傾向於貼緊在浮凸表面上，形成低壓區域，這個結論被稱為寬德效應，也是另一個——或許是講得更好的一個——能用來說明為何海灘球會漂浮在氣流中央的基本原理。如果球飄離主要噴射氣流，外側氣流速度較慢，擾流也多（壓力較高），而在氣流中央的球體凸面上的空氣流速比較快（壓力較低），這樣一來，球會被吸（與推）回中央。挺複雜的，但相同的壓力變化也可能在你的括約肌邊緣上演。

如何建造由吹葉機驅動的超大括約肌？

小事一樁。首先你需要巨大括約肌。

1. 從水槽下拿出橡膠手套，或者去買直徑一公尺的氣球（用這個特別適合）。如果是用手套，切掉手指與拇指部分，只留下手腕處的橡膠袖套。若是用氣球，就將氣球橫向切半（也就是不要縱切，不要切到吹口部分）。

2. 拿到吹葉機後要小心，這玩意兒可以變得很危險。絕對、一定、萬萬不可朝著自己的臉。只要有一丁點砂石被吸進去，就可能毀掉你的眼睛。切記別這麼做。

3. 把手套或氣球最細的一端拉開、套上吹葉機，用強力膠帶封好固定住。

4. 戴上耳塞，或者戴著耳機，然後請朋友拿著吹葉機，自己以雙手抓好手套或氣球鬆開的那一端，將它拉住、張開以做好準備，站在它的某一側，別讓吹口對著你。

5. 現在大聲叫你朋友啟動吹葉機，當空氣通過吹葉機暴衝而出，可拉著、鬆開這括約肌來調整聲音，從劈里啪啦響亮高音到恐怖片級女妖鬼叫，各種屁聲都行。

6. 痛快地玩吧。

汙水處理廠的工作
如何進行？

　　糞便、尿液與馬桶裡混雜的各種廢物到了汙水處理廠後，要經過的流程與人體的消化過程出奇地相似——有細菌分解，有一些純度極高的 A 級氣體產生，也有扮演蠕動角色、持續通行整個系統的運輸方式。最後的產物是乾淨的水與優質香甜的水肥，可重新回歸大地（相當簡便就完成生命必須的**氮循環**）。如果你覺得這還不夠好玩，汙水處理廠裡進行著規模龐大的工程，宏偉的阿基米德螺旋水車、廣闊的沉澱池、外觀極具未來感的生物降解設備，全都一應俱全。真的，每個人在那裡都會有些收穫，真不懂去迪士尼有什麼好玩的。韋塞克斯水務公司（Wessex Water's）位於艾佛蒙斯的汙水處理廠離布里斯托不遠，我朋友薩迪（Mohammed Saddiq）曾帶我去那兒走走看看，我超愛那地方的，還回去過好幾次。

　　汙水處理基本上就是將家庭汙水、工業廢水、都會區地表流水分離成各種成分：處理過的水、可利用的甲烷、油脂、肥料糊與無利用價值的固體。處理原則是，只要有可能，所有東西都應該回收，乾淨的水回到河流和海洋，只有固態物質與較大的垃圾（尿布、衛生棉、破布與棉花棒）會被送到廢料燃燒發電廠（而不掩埋任何東西）。

除非你自己有小型家用汙水處理系統，像是化糞池或好氧處理設施，否則你把便便沖掉之後，各種黏呼呼的噁心穢物一從你家離開，就會流進各抽水站串聯起來的水管與水溝網絡，使穢物持續前進，一直到汙水處理廠為止。化糞池是個巨大的儲存槽，一般埋在地面下，離自家有點距離，汙水流到裡頭後會被細菌進一步做厭氧（無氧）分解。不過這只是一級處理，那些爛渣還是需要定期抽乾，而半處理過的汙水則直接流進土地裡。

你家流出的汙水一到汙水處理廠，通常會直接流進大型的阿基米德螺旋水車，由水車把汙水往上抽送。由於這設備需要有液體垂直向下流通，所以高低落差很重要。下一步則是**預先處理**，汙水被推擠穿過柵欄，以濾除較大的固體。然後是**一級處理**，汙水存放在大水槽中靜置，較重固體直接下沉到底部，積成厚厚的汙泥，較輕的固體、油脂與油狀物質會上升至頂部，形成骯髒的浮垢，如果你曾開車經過汙水處理廠，這就是你那時看到的巨大圓型池子。

　　若是下起大雨，汙水處理系統有超載的危險，有些汙水處理廠會先跳過剩下的汙水處理程序，把水存放在大型雨水槽，雨停後再抽水送回繼續處理。若沒有這程序的話，水就是在通風透氣後被送去做**二級處理**，該階段處理的是溶解與懸浮在水中的有機物質，利用自然生成的微生物分解與去除它們。接著水就可被送回自然環境中（若要被排放到敏感的生態體系，有時可能還有三**級處理**，也就是化學消毒的微過濾處理）。

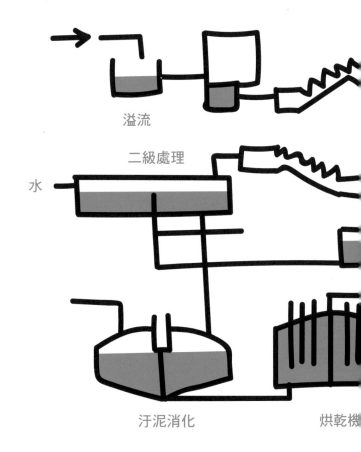

溢流

二級處理

水

汙泥消化　　　　　　　　　　烘乾機

　　真正好玩的部分來自一級與二級處理的汙泥消化過程。沉到水槽底部的固體會被移出，送到運作方式極類似人類結腸的厭氧生物消化槽，槽裡有許多種細菌會分解有機物質，製造出大量甲烷（艾佛蒙斯的汙水處理廠利用它們供電，並將生質甲烷運送至燃料氣體供應網）和更多的水。從這裡開始，汙泥進入名為離心機的大型旋轉裝置來脫水，做成泥塊狀的肥料，大卡車會來收集這些脫水汙泥，當成肥料撒到土地上。

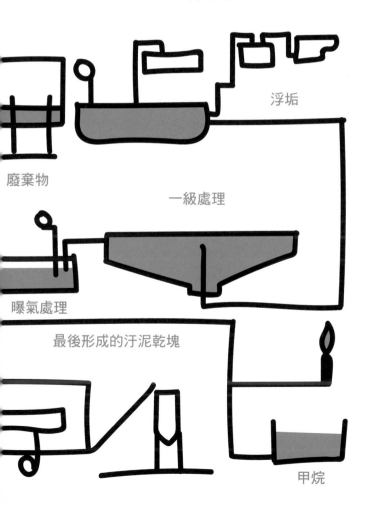

浮垢

廢棄物

一級處理

曝氣處理

最後形成的汙泥乾塊

甲烷

屁公車

　　提契諾州位於瑞士南部，官方語言為瑞士義大利語，這意味著提契諾州公車與鐵路公司（Regional Bus and Rail Company of Ticino）在當地叫 *Ferrovie Autlinee Regionali Ticinesi SA*，簡稱 FART（屁），也就是屁公車。

　　不過這本書不會為了好笑的縮寫偏離主題，真的沒有喔，我們真正想談的是英國 GENeco 公司的屁公車──綠能產業打造的公車，由生質甲烷而非一般的柴油驅動，生質甲烷的原料來自人類排泄物與廚餘。我搭過幾次這種公車從巴斯前往布里斯托，感覺飄飄欲仙，沒什麼異味（儘管車身側面的圖樣有夠棒，讓乘客看起來像坐在大便上）。這種公車是一大進步，排氣減少了高達 97% 的有害微粒，一氧化氮的排放也少了 80 ～ 90%。你可以想像，它的二氧化碳危害程度也控制得相當好。

　　GENeco 也改造了福斯金龜車，以人體排泄物產生的甲烷當作動力，後車廂裡的好幾個加壓槽供應甲烷燃料，添滿後能行駛大約三百七十公里。我們在 GENeco 的基地做 Gastronaut TV 的節目時，他們讓我駕駛改裝的金龜車，開起來馬力十足，而且一點屁味也沒有喔！

　　甲烷來自布里斯托附近韋塞克斯水務公司的艾佛蒙斯廠，那裡設有一系列球狀的大型生物降解設備。這些大球將一群細菌添入人體排泄物與家庭廚餘，讓它們維持在適當酸鹼值與溫度，醞釀出那些甲烷。這是個厭氧過程，代表細菌是在無氧的情況下分解那堆東西。雖說甲烷並非每個人放屁必有的成分，但如此迷人的工程我還是想稱之為大屁粒。屁公車（Fart Bus）與生質金龜車（Bio Bug）都是驗證用的示範計畫，用以表明這點子行得通。布里斯托汙水處理廠現在每天生產五萬六千立方公尺的大量沼氣，可直接用來替代天然氣，有幾家客運公司正計畫採用這項技術。

如何製作造屁機？

（如果你正打算申請研究經費，
也許還是叫它「厭氧降解器」比
較妥當）

　　這是個正經的做法說明，提供給教師或居家 DIY ／屁愛好者，過程中電子儀器會接近新鮮屎尿，請務必小心，並考慮交叉汙染的風險，也要先做好完整的風險評估。我在家製作氣味濃厚的厭氧降解器時就惹火了太座大人，所以你家人願意一起上賊船的話是再好不過了。這玩意兒是活生生、會呼吸的生命體，你得時時去關心它：酸鹼值不對，它就掛了；表面結了硬皮，它會開始對自己下毒，然後就掛了；餵食內容失衡，它就……你知道的。

　　我列出製作造屁機需要的東西，你可以向實驗器材廠商購買，不過如果你手頭已經有些東西合用，讓它們派上用場也無妨。建議你使用浸沒加熱器，因為整個過程的溫度都必須確實維持在攝氏三十七度。

　　對了，機器完成後，你需要第一批培養菌。最好是自己在桶子裡拉一坨，拿那個來用，我聽說有些人用牛糞，但是牛的消化系統與人的相當不同，這樣子獲得的細菌可能無法維持機器長時間運作。以下是一些訣竅：

1. 做好機器剛開始運轉時，你會很訝異看到它產生那麼多氣體，別高興得太早了，第一批排出來的應該有許多二氧化碳，還沒有太多甲烷，機器需要時間適應。有一次我一試馬上成功，另一次就不太聽話，等了三個星期，還重新啟動一次！當然，女性的糞便最容易產生甲烷，如果你是個男的，

也許就得很有禮貌地向女士提出請求，請她們往桶子裡下一坨賞給你。

2. 定期檢查 pH 值與溫度，也要保持通風，並按時餵養。這不是為腦袋空空的菜鳥寫的入門指南，我們已假設你有一定的技巧與常識。有些零件會需要更換或動手調一下才會合適。

3. 教師（其實任何把別人拉進來一起做這事的人都應該）要先為這件事做風險評估，一旦遇上麻煩才有辦法處理，對於衛生與汙染問題要格外小心。

你需要這些必要的實驗室設備：

（注意：務必檢查你訂購的東西尺寸都能相互配合，比方說，管子直徑與塞子是否能搭配）。我向 Timstar —— 我常聯繫的實驗器材廠商 —— 買了很多這類設備，要從其他管道拿到這些東西當然也行：

浸沒加熱器

Powerswitch 電源供應器

4mm 可疊加插頭引線（紅色）

4mm 可疊加插頭引線（黑色）

輔助器材：LCD 條

1 公升過濾瓶 3 個

有兩孔的塞子 3 個

PVC 管線

拋棄式針筒

紅色橡膠管

Y 形轉接頭

T 形轉接頭

螺旋管夾 3 個

氣體注射器

蒸餾裝置底座

蒸餾裝置支架

有橡膠套的夾子

Bosshead 夾頭

集氣瓶

集氣架

集氣槽

另外需要：

水族箱：尺寸至少長 41 公分 × 寬 21 公分

1 公升糞便混合 500 毫升溫水

飼料：消化餅乾、全脂牛奶和糖粉

自行選用，非必需：

輕便式磁力攪拌器（附攪拌棒）3 個

製作造屁機的影片

架設方式

1. 建議使用一、兩個托盤，在上面組裝，方便搬移。

2. 組裝水箱時，將 LCD 定溫器和浸沒式加熱器連接到 Powerswitch 電源供應器（將電源與水隔離，這是必要的預防措施），並將水箱注滿水。將 Powerswitch 電源供應器的電壓調到最大的十二瓦特，以維持水溫在攝氏三十七度。別蓋太緊，這樣你之後比較方便接觸操作。

3. 剪取三段三十公分長的 PVC 管線，各自插入有兩孔的塞子其中一孔。塞子放進一公升過濾瓶時，要確保管線一端幾乎碰觸到瓶底，外露在塞子上的部分至少要有五公分長。這將做為「抽取導管」，用來排除多餘物質。

4. 剪取三段十公分長的 PVC 管線，插入那三個兩孔塞各自剩餘的一孔。塞子塞入瓶子後，伸入瓶中可見的 PVC

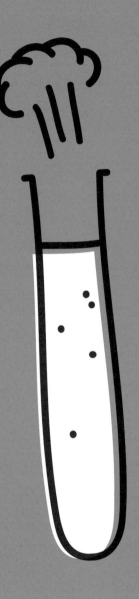

部分要盡可能地短，凸出在塞子上的管子至少有五公分長。這將做為「餵食導管」。

5. 把螺旋管夾接到露出在塞子外的 PVC 管線上（每條接一個），鎖緊以封閉管子。

6. 使用紅色橡膠管與 Y 形轉接頭連接每個過濾瓶的對外孔道，最後形成一條大管子。大管子另一頭接上 T 形轉接頭，此轉接頭一邊通向二十公分長的管子，另一邊則是長度六十公分以上的管子。這是一個氣體輸出系統。

7. 將集氣槽以冷水注滿後擺在水箱旁，集氣架置入集氣槽中。在集氣架上裝好蒸餾裝置，設定好固定夾與止檔，好抓住裝滿水且顛倒的集氣瓶。

8. 將那條六十公分以上的氣體輸出管放進集氣瓶，瓶身在管子上方。將氣體輸出系統上另外那條二十公分長的管子接上氣球或（準備好要示範點燃甲烷時可用）氣體注射器。

9. 氣體產生時會排擠管子裡的水。假使氣體輸出管線高於水面，氣體可被吸出到氣體注射器，供之後分析。從這系統移除注射器之前，要確定螺旋管夾已將通向注射器的輸出管關緊。

啟動與保養

1. 在每個過濾瓶中倒入五百毫升的糞便水溶液後，塞緊塞子。若是另外使用磁力攪拌器，則將攪拌器放到水族箱下方，上面箱子裡會擺過濾瓶，注意過濾瓶塞緊封閉前，要先將攪拌棒置入瓶中。將所有的過濾瓶都擺進水族箱。一開始可能需要用膠帶貼牢固定，不然它們會浮起來。

2. 靜置兩天。

3. 將二十克的糖粉與兩塊均勻磨細的消化餅混和。加入全脂牛奶稀釋，使它變成濃稠黏液。這是飼料，可以一次做多一點，存放在冰箱或冷凍庫裡。

4. 餵食的方式是將一些飼料加入注射器，然後推按並連通到過濾瓶塞上的餵食導管。推按空的注射器來將它連通到同一過濾瓶的抽取導管。打開螺旋管夾，在抽出沼液之前，讓等量飼料塞進過濾瓶。關閉管夾後再移除注射器與清理沼液。

5. 經過初期的靜置階段後，漸漸開始餵食，每天每瓶屎糊裡都多加五毫升，每天最多三十毫升，一旦達到這個量，改成每天兩次，一次餵十五毫升。

6. 兩種方式都會增加氣體產生速率，這個屎糊環境會製造大量氣體，但如果隔了一天產氣速率大幅下降，就停止餵食，等速率增加後再開始餵，然後重新慢慢增加餵食量。

7. 祝好運！

「我老婆會想些有的沒的，」有個男人聊天時說，「她生日那天說想要上那種奢華的法國餐廳吃一頓。所以我們盛裝打扮後就去了。」

「嗯哼，」友人回答，「感覺如何？」

「媽的超燒錢的，吃的東西是不差，但分量有夠少，少到你出去後放個屁就覺得肚子空了。」

——出自《放屁史》

（2014 年 Shelter Harbour Press 出版）

巴特博士（Dr Benjamin Bart）著

第四章
有請屁醫師

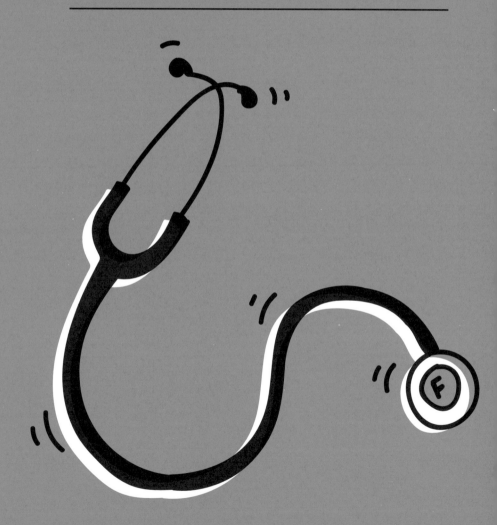

怎麼知道腸子發生了什麼事？

我的身體真美麗。從它的外面看起來可能不太有說服力，但裡頭秀得**可精彩了**。我敢這麼說是因為我吞了幾個相機，好瞧瞧裡面有什麼，包括可吞式膠囊內視鏡（PillCam，可以想成小一點的 GoPro 攝影相機）。我也進行了幾次核磁共振掃描。除了超活躍的好奇心之外，我其實沒有健康問題，但就是想潛下去好好看一看。

胃鏡檢查（完整名稱是**消化道胃十二指腸內視鏡檢查**）是將攝影機插入喉嚨，通過胃，一直到十二指腸，也就是小腸的前半部。過程絕對稱不上舒服，但醫生習慣這麼做，因為這項診斷工具相當有用。血液檢驗和細菌培養也是好方法，但沒有什麼比直接進到裡面四處碰碰看看更好的了。如果您消化不良，影響生活，或您的屁讓你感覺身體出了問題，那麼過不了多久就得去見胃腸科醫師，他會帶著一臺精巧的相機，架在一支容易彎折的長長手柄上。

我做過三種胃鏡檢查：可吞式膠囊內視鏡、經鼻內視鏡，和比較大型的食道胃十二指腸鏡檢查（OGD，或稱上消化道內視鏡〔EGD〕），可能有些難為情，但感覺絕佳。

可吞式膠囊內視鏡是內建燈光的微型精密攝影機，封包在二・五公分長的口服錠中。這是最沒有侵入性的胃鏡檢查技術，

也是最神奇的。它彷彿一小丸食物般，滑行穿過你的消化系統，亮一亮小閃光燈，拍攝沿途風景。好處是它平順地通過十二指腸，一路經過整條小腸大腸，過了直腸與肛門就出來了。缺點是無法控制它找尋特定目標，經過潰瘍或其他異狀區域時，它可能不會剛好對準該處拍攝。順道一提，接下來一兩天我察看自己的糞便，希望能發現它在其中一閃一閃的樣子，可是都不見蹤影。我真的很仔細看過哦，本來還想動手掏掏看，整個翻找一次呢。

　　我也做了經鼻內視鏡檢查，那是將（附燈的）微型攝影機裝在探針上，經由鼻道直直往下推，通過消化道持續前進。我直挺挺坐在椅子上做這項檢查，好處是整個過程中都可以聊天（如果你想聊的話）。鼻子塞進一臺攝影機會有點不舒服，但不至於痛，而這攝影機蠻好控制的，所以胃腸科醫師能夠好好檢視一番。缺點則是攝影機需要小到能穿過鼻道，那麼解析度相對不高，影像不是很清晰。

　　全套完整的食道胃十二指腸鏡檢查才是我最愛的內視鏡檢查手術，使用豪邁的大尺寸內視鏡裝置：口紅大小的高解析度攝影機，裝在可全面操控的臂架上，搭載各種特殊功能，像是照明，可噴水沖洗腸道汙泥，噴入壓縮氣體以擴張腸道，讓需要檢查處能被確實檢視，還有那無與倫比的動作控制，讓攝影機可一百八十度旋轉，檢查體內的每一處角落與縫隙 —— 身體裡這種地方可多了。你的上下排牙齒間會放入護齒套，避免你在攝影機下降時閉口咬住它。藉由一組扳柄與按鈕來操控，有經驗的胃腸科醫師堪比最強的劇情片攝影師。缺點就是這非常折磨，一開始攝影機要從喉嚨後方推下去時已難受，接下來你感覺它在肚子裡跑來跑去時也是。這也會讓你看起來不怎麼優雅，因為你會作嘔，想把攝影機吐出來，並且打嗝將機器灌入的空氣排出。儘管事先在喉嚨噴灑了香蕉味的局部麻醉，還是會覺得喉嚨痛。然而，這些都小事，當你看到驚人的高清畫面，看到它有辦法細細檢查每一吋腸子，那些不舒服都微不足道了。還有，有了內視鏡，就免除了開刀手術這種做法。

　　若你需要做胃鏡檢查，大概會對這程序感到害怕，不過請聽我說：雖然感覺不太舒服，有些古怪，但真的不至於會痛，說不定你還訝異怎麼這麼快就結束了。我任職於胃腸科的親愛朋友伍德蘭（Phil Woodland）與菲茲克在我做這項檢查時幫了大忙（另外要感謝皇家倫敦醫院），有興趣的話，可以上網到YouTube頻道GastronautTV瞧瞧。

有什麼方法能減少放屁？

你如果**真的**覺得自己太常放屁，是有些方法可以減少排氣的，但這麼做的後果堪慮，抑制廢氣產生不見得是樁好事。

怎樣算「太常」放屁？

要醫治那些抱怨自己太常放屁的人，最常見的方式是讓他們相信自己其實沒有。運作良好的消化系統每天產生的正常屁量是〇・五到二・五公升。多數人都不滿意自己的屁這麼多，但不代表這樣是不好的。

改變飲食

這是你能做的最大變更，但也是最危險的。你可以減少食用膳食纖維，不過在英國，我們平均每人的膳食纖維攝取量只有十八克，而建議攝取量是三十克。我沒有要叨念開講，但請記得，這意味著魚肉和乳製品雖然美味，卻不含膳食纖維。纖維有助於預防心臟病、糖尿病、體重過重和癌症，而且能幫助消化。不吃纖維就有可能便祕。如果你**保證**會謹慎調整飲食，並且找醫師諮詢，或許能藉著以下方式讓自己少放點屁：

- 少吃一點豆子（它們通常含有稱為寡糖的聚合醣類，尤其是棉子糖，用來生產氣體特別適合）。
- 少吃一點富含膳食纖維的蔬菜，例如菊芋、高麗菜、花椰菜、洋蔥、大蒜。

對於有乳糖不耐症且缺乏乳糖酶的人，乳糖無法在小腸中分解，會留著由大腸中那些產生氣體的細菌來分解。如果你有這類問題，就要減少食用起司和其他奶製品，但要確定自己從其他來源攝取足夠的鈣。

少吞進氣體*

飲食的時候慢慢嚼、慢慢喝，盡量別含著硬糖果或筆頭，不抽菸，也不吃口香糖。

待在地面

別搭飛機、上太空或攀岩，置身高海拔對胃腸可是浩劫一場。澳洲有份研究顯示，快速地爬山上升後的八到十一小時內，

---

* 聽起來挺奇怪，對吧？嗯，呼吸空氣與吞下空氣（稱為噯氣）是相當不同的兩件事。呼吸時，由喉內前方的氣管吸入空氣進到肺部。可是吃東西時，喉頭的會厭（葉片狀的軟骨）蓋住氣管，於是食物會改道進入那條較小、較有彈性的管子（食道），繼續前進到胃部。因此食物雖不會跑進肺部，但空氣與其他氣體卻可能混在吃喝的東西中，或在吞嚥時進入胃裡，有一些被打嗝噴出，但一大部分會繼續通過消化系統，然後不是被血液吸收，就是到最後飄然成屁。所以囉，少吞進氣體，就會少放點屁。

放屁量會翻倍。這非常有可能是因為當你愈爬愈高，氣壓隨之下降，許多原本溶解在血液裡的二氧化碳會滲出擴散到大腸裡，然後就爆出來了！即使在商用客機裡，艙壓仍然是像海拔八百到二千四百公尺那樣的低壓，所以同樣的問題還是會找上門。

戒除山梨糖醇

避免吃口香糖或為糖尿病患者特製的代糖製品（當然，除非你有糖尿病），它們常含有一種甜味劑，稱為山梨糖醇，小腸無法消化山梨糖醇（它算是膳食纖維），但造屁細菌們可是會熱烈歡迎，並奮力分解它。

少量多餐

少量多餐能減緩胃部釋出消化物，促使小腸裡的消化作用盡可能做好做滿，這樣留給大腸的造屁原料就少一些。

停止喝汽水

少喝點氣泡飲料。喝進去的二氧化碳有一部分最後會化為屁。

你若顧慮自己在飛機上會荼毒周遭乘客，別擔心，二氧化碳含量高的屁應該沒有正常的屁那麼臭。

來點薄荷

飲用薄荷茶。這方面的研究多數與腸躁症患者有關，但它確實能讓胃部肌肉平靜下來，緩解腹痛。

向醫生請益

向家醫科醫師詢問以下幾項：

- α- 半乳糖苷。名字很像某種科幻迷的度假勝地，事實上是一種消化酶，能分解醣脂與醣蛋白這類寡醣。
- 益生菌。這可說是在胃腸裡擺進一罐蟲子（你冒險亂搞自己的腸道菌叢），不過有些配方已顯現出效果。
- 抗生素。走到這步就有危險性了，不過有個關於利福昔明抗生素（rifaximin）的研究結果挺正面的，它顯然能有效降低屁的產量，儘管氣體仍多，但會隨時間過去而減少。
- 二甲基矽油。這是一種消泡劑，能消解腸道裡的氣泡。對付嚴重腹瀉也被認為相當有效。

加點碳

試幾片活性碳口服錠。感覺不太對，是嗎？活性碳的結構有高度發達的微小內部孔隙（它基本上像個內部表面積龐大的海綿），非常容易吸附分子。口服後的活性碳是不是真有用似乎還沒有定論（會吸到什麼分子它不太挑），至少已經有一項研究是打臉的。

想避免屁臭薰人
該怎麼做？

1. 十字花科蔬菜（高麗菜、青花菜、花椰菜）別煮太久，它們所含的硫化氫會隨著烹煮時間增加。

2. 少喝啤酒（男性限定）。關於屁的研究很稀少，其中做得比較好的一項是證實了男性的啤酒飲用量與屁的氣味明確相關，女性則比較沒關係。

3. 少吃肉和高蛋白蔬菜。蛋白質中有含硫的胺基酸，分解後會形成那些發臭的帶硫化合物。

4. 少吃豆子，尤其是黃豆與斑豆。

5. 少吃大蒜、洋蔥與興渠（一種印度香料，植物五辛之一）。

6. 低脂飲食。

7. 試試佩普必舒胃錠，成分含有次水楊酸鉍，會凝合腸道裡的含硫氣體。

8. 坐在活性碳製的袋子上，或買幾件除屁內褲。不開玩笑，我是認真的。

怎麼買到可過濾屁的褲子？

不只買得到，而且真的有效。我們的胃腸排氣中最難聞的部分就是含硫氣體，少數針對屁味認真做的研究中，就有一個試圖評估，以碳為內襯的墊子是否能吸收含硫氣體，經過一連串有點難啟齒的測試與直腸插管實驗後，蘇亞雷斯（Suarez FL）、斯普林菲爾德（Sringfield J）與李維（Levitt MD）的結論是：「人體屁氣中難聞的成分不只有含硫氣體，但它們占了大多數。內裡鋪碳的軟墊能有效抑制含硫氣體逸出到環境中。」

這褲子的設計實在很天才，一般是用非常扎實的氣密材質製成，有特殊內裡及彈性絕佳的腰部、腿部束帶，這樣一來，所有氣體無論香臭與否，都必須穿透活性碳薄膜才能散出。這種活性碳的微多孔性極高，基本上就是一塊充滿上百萬微細小孔的海綿。光是一公克活性碳的表面積就超過三千平方公尺，這讓它能吸收大量的氣體或液體（吸收的意思就是讓原子、分子或離子黏附在表面上）。活性碳常用於空氣與水質淨化，可處理毒化與藥劑過量問題（可吸取消化系統中的毒素），汙水處理、去咖啡因與防毒面具都用得到活性碳。

如果你認為屁褲只有那些不顧形象的人才會穿，請上這網址 www.myshreddies.com 看一看，他們製作的短褲、牛仔褲和睡衣都挺有型的，有些人可能會說是性感，似乎每個穿過的人都說好用。

想*增加*排氣量該怎麼做？

如果膳食纖維超多的食物你都吃了，還覺得腸子噴不夠，安啦。試試以下祕方。

吞空氣

你的屁大約有 25% 來自你吞進去的空氣，所以只要再多吞一些就能增加屁量，雖然有不少會由打嗝排出，但還是有一大部分會一路暢通下達出口。可試試狼吞虎嚥，咬咬像是筆蓋等不同的物品，這些都能增加唾液分泌，因而加強吞嚥功能。嚼口香糖也有幫助。

高麗菜煮久一點

這能提味，而非增量。高麗菜煮愈久，其中帶硫的化合物愈多，讓你放的屁更臭。煮五到七分鐘，那些化合物的量就會變成兩倍。這樣煮會讓菜吃起來較老，但我阿嬤就愛這樣。

多一點氣泡飲食

食品製造商最愛添加到產品中的兩種成分就是空氣與水，因為成本低。二氧化碳很多的氣泡飲料是個好發明，不過在卡布奇諾或熱可可上浮著奶泡也是常見的做法，還可以護送許多空氣一

路到腸子裡才破裂散開來。還有許多食物在烹煮時裡面會產生氣泡：蛋白霜、打發鮮奶油、蜂巢脆餅、年糕，以及玉米、稻米與馬鈴薯澱粉製的膨發零食。有趣的是，夾心巧克力棒的製作過程常使用氮氣或二氧化碳，而非空氣，但結果都會增加屁量。

用肛門吸氣

有些人經過一番練習後，能把空氣「吸進」自己肛門裡儲備，以便隨心所欲地放屁。法國放屁藝術家勒·本托曼（Le

Pétomane，本名 Joseph Pujol）就是靠這招才能大量放屁 。他不僅生來體內構造就異於常人，控制放屁的技術也不同凡響。當他捏緊鼻子，收縮自己的橫膈膜時，肚子就會膨脹，並透過肛門將空氣吸入體內。

　　以下這個技巧在小時候念書時對我挺管用的，可惜現在行不通了。說不定你試試會成功：

(1) 躺下後，抬起雙腿靠在牆上。

(2) 把雙腿向上延伸得更高（盡你所能地伸長，在感覺屁股快夾緊前停止），同時稍微張開雙腿（別張太開，不然屁股一樣會有抗拒放屁的反應）。

(3) 肛門放鬆，緊閉喉嚨不吸進任何空氣，努力縮緊自己的橫膈膜，讓身軀裡產生一股吸力。

(4) 如果感覺不到吸力，試著讓胸腔往內吸，屁股瓣分得更開，或者扭動一下背部。

(5) 堅持住。

釋放腹部壓力

　　如果已經感到肚子裡有壓力，知道體內有顆屁蠢蠢欲動，只需再推一把，這種情況胃腸科專家有時會建議使用一個技巧，幫助你讓屁蹦出來。側躺在地板上，左腹貼地，右膝彎曲，做出辛氏臥位（Sims' position，用於直腸檢查），身體向前蜷曲，然後回復到左面側躺。相同的動作重複幾次。這會使大腸動一動並對

降結腸施壓（位於身體左側），屁照理位在此處，理想的情況下，這股壓力會迫使空氣下沉，擠出一顆屁。

少吃馬鈴薯、香蕉與小麥

好屁者應避免這些食物，它們會減損屁味（量則不變）。馬鈴薯與香蕉含有抗性澱粉，而小麥則有果聚醣。箇中道理是這樣的，這些食物都超級容易發酵，因此結腸裡的細菌光分解這些碳水化合物就忙不過來，無暇顧及蛋白質，結果就減少了硫化氫的產量。噓。

得到梨形鞭毛蟲症

這裡要警告你，而不是鼓勵你。**梨形鞭毛蟲症**是一種極常見的寄生蟲病，會使人感覺疲憊、噁心、脹氣，並導致嘔吐、下痢、頭痛等症狀。大約 10% 的感染者沒有任何徵兆，它會經由遭到**梨形鞭毛蟲囊**汙染的糞便散播。重點是，一旦感染了，就會暫時出現乳糖不耐，只要食用乳製品，放屁量就會暴增。但周詳地評估之後，就知道這真的算不上什麼好處。

為什麼放屁好丟臉？

（羞恥心理學）

　　就算是像我這麼死硬派的好屁者，在不巧的時機爆出一記不客氣的屁也是會不好意思的。**為什麼**？一樣都是身體運作必要的本能現象，為什麼像打呵欠、打噴嚏這種半自覺的生理突發現象會獲得父母體諒，引來夥伴同情，而放屁就惹人厭？好的，這很可能根源於古代病理學中的**瘴癘**（參見第 125 頁）觀念，腐臭味與不潔的空氣會造成可怕的傳染病，如霍亂。於是乎，屁就不只是聽得見聲響的本能生理現象了，它還有腐敗惡臭，叫人聯想到疾病、痛苦與死亡，更讓人感覺**危機**迫近臨身。屁在一八五〇年代後遭到全面貶抑，不過這已無關緊要了，傷害早已造成。雪上加霜的是，屁股排出來的東西還真的和一大批細菌相關疾病有關，這下子更是罪證確鑿。現在屁是社交場合的禁忌，而且似乎永無翻身之日。

　　羞恥理論的基礎在於，當某一行為被視為社交禁忌（而非道德瑕疵），就會削弱我們欲向他人投射的自我形象，即使我們不滿於那些人為建構的是非規範，羞愧的感受仍在自我心裡，而非他人所感──我們感覺**自己**想要向他人投射什麼，從中產生了羞愧。簡而言之，羞愧感來自我們自己。

　　羞愧感的後果可能使人耗弱衰疲：臉紅、盜汗、防衛心強、緊張，有時還傻笑，這些反應在某些人身上可能很強烈且不舒服，可是**為什麼**呢？羞恥感有什麼作用嗎？嗯，有個有趣的說法是這樣的，顯現出羞愧可以討好他人，放屁者這種反應表示自知破壞了禮儀，他懂得社交規矩，對此感到抱歉，「下次會證明自己也值得尊敬」。甚至有研究發現，**不**太會害羞的人更容易做出反社會舉動。

　　社交場合有許多不成文的規則與慣例，表面上意義不明，像是上流階層正式會面時要脫帽，有女士（或身分地位高的人）進來同一空間時要趕緊站起來，別用左手持的叉子去撈豆子（哎呀，這我可辦不到），在公眾場合不放屁。這些自由心證的龜毛

規矩源自長久以來區分社會階級的種種方式，你得讓自己適從於一套行為準則，才有資格進入上層社會，中等階層想獲得往上爬的管道時，就必須遵從這些規定。

　　蘇斯博士創作了一個很棒的故事——《史尼奇們》。這故事打破了虛無的社會階層分級概念。故事中的一種生物史尼奇分成兩種階級，上層階級史尼奇胸前有星星圖案，下層的沒有。

　　有天來了位商人，秀出一部機器可以幫下層史尼奇貼上星星，原本沒有星星的史尼奇們都付錢來為自己貼上星星，這讓原本有星星的上層史尼奇們心裡不太舒服，他們覺得自己應該**拿掉**星星來證明自己屬於不同階級。商人能賺錢當然樂意效勞，可是結果下層史尼奇也想拿掉星星了，然後上層史尼奇又要貼回星星，就這樣周而復始，不停交替著，一直到大家都忘了誰原先是哪個階級的，只有商人賺得荷包滿滿。史尼奇們終於了解到，分級別搞歧視是多麼沒有意義，他們都成為彼此的朋友。要是其他的社會問題也能這麼簡單解決就好了。

不過，社會學家對禮儀的看法往往比較正面，他們認為禮儀是維護社會秩序的手段，他們認為，要使中央集權和社群集體生活較容易接受，區別社會層級是一種方法。我討厭禮儀，但與此同時，我明白它們可能有實際用途。擊倒別人來奪取權力，讓自己一路踩人頭頂爬到社群的頂層，或者建立一個抽象的社會行為禮儀和慣例模式，再利用一些心理工具來監管，例如羞恥心，以此避免有人被攻擊，總的來說，哪種做法比較好呢？我自己不喜歡你爭我奪，所以較傾向禮貌派，但我仍然覺得它們叫人喘不過氣。

在放屁的情境裡，強迫人放屁要遮遮掩掩的這種行為規則實在讓人感覺莫名其妙，那會導致生理和心理上的不適，也可能造成消化問題且真的讓身體疼痛。要洗脫汙名很難，短時間內也不可能看到改變。但是，嘿，我們還是可以試一下。

為什麼應該要洗手？

自古以來，難聞的氣味一直給人觀感不佳，幾百年來，人們都把一些可怕的身體問題歸咎於惡臭，其實只要洗洗手就能解決的。關於疾病如何傳播，一直到一八八〇年普遍都是以瘴癘的概念為出發點在思考，這是來自腐爛有機物中帶有劇臭的「壞空

氣」——可能是因為霍亂流行病都發生在水不流通、發出臭味的地方。事實上，霍亂是由水傳播的，而不是經由空氣或放屁，但是要等到一八五四年，英國醫生史諾（John Snow）才確認其中關聯，了解真相。即使如此，在十九世紀五〇年代倫敦和巴黎的霍亂大爆發期間，許多人還是不理會史諾的發現而讓問題更嚴重。

英國的現代護理創始人南丁格爾（Florence Nightingale）比較能接受新知。一八五四年的克里米亞戰爭期間，她就確定降低死亡率最省錢也最有效的方法之一，就是洗手和基本衛生設施。她是對的。

但我們聽話照做了嗎？我們是不是都哎呀嫌麻煩。上廁所後不洗手的人比例之高令人吃驚。二〇一五年整個歐洲對此進行了一項非常大規模的調查，結果，嘖嘖，有62％的男性和40％的女性根本懶得洗手。我這個人洗起手來仔仔細細，毫不含糊（儘

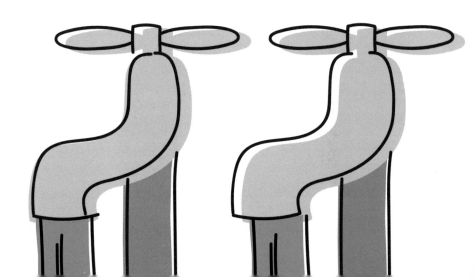

管我記得很清楚，年紀還小在學校念書那時候，男生洗手會讓人瞧不起），但就算是我，也不會照 NHS 建議那樣洗手洗整整十五秒。

也許你心裡想著，「別婆婆媽媽管這麼多，我的健康是我自己的事。」好吧，洗手可以讓腹瀉的發生率減少約 30％，並且在所有食源性疾病中，有 50％和手不乾淨有關（看看疾病管制與預防中心的洗手「**科學怎麼說**」（"Show Me the Science"）網頁，可連結到許多相關研究。這不僅對你自己很重要，對你的朋友和家人也很重要）。一般認為用肥皂洗手可預防腹瀉、肺炎和其他急性呼吸道感染，是最有效也最不花錢的方法。請記住，肺炎是導致五歲以下兒童死亡的頭號殺手。

但更重要的是，你的髒手會對可能碰觸到的**其他人**造成傷害，就算人家自己已經盡責洗手了。你可能身體健壯，沒受多少痛苦就能病癒復原，但如果你的細菌從一個表面到另一個表面交叉汙染，然後傳到某個人手上，而他之後接觸到老人、病人或體弱者，就可能會讓悲劇發生。來吧，大家，洗個手有多難？

細菌的有趣特徵之一就是非常容易通過交叉汙染傳播，只要有一隻手觸碰到一點細菌，然後摸另一個表面，之後其他人觸摸那表面，而手又碰到自己嘴唇，就中了。

這些細菌的足跡能遍及各處。我有個大型的科學演示舞臺表演 *Bodyhacking*，我們在假髮表面塗上能靈敏感應紫外線的粉末，它會在紫外線照射下發光，然後將它貼附在一個機器人上，

讓機器人在講堂裡到處走來走去。我們請觀眾偷走假髮並在身邊隨便扔，這樣子一來許多人都摸過它，而且到後來他們難免會碰到彼此身體，以及自己的嘴巴、鼻子。在節目後段，除了一些非常強大的紫外線黑光燈外，我們將所有的燈光朝觀眾投射，看看粉末散布了多遠。結果令人驚訝：粉末已經到處都是，散布範圍通常都距離初始接觸點相當遠。這個做法很適用來解釋交叉汙染，但有一個缺點：你也可以發現誰在黑暗中撥弄別人，可能會引起爭端。

屁以外的其他古怪生理現象

打嗝

打嗝是橫膈膜不自主痙攣的突發現象。我最小的女兒打嗝打得厲害。動作一旦觸發，打嗝在四分之一秒後就會發生。有趣的是，這不受大腦控制，是一種自主反應的現象，利用一種稱為反射弧的神經結構，從身體一部分傳到另一部分。讓人想不透的是，「打嗝有何生理必要性？」自從演化的觀念被普遍接受後，這個問題一直困擾著人類。

雖然只有哺乳類會打嗝，我們經研究後相信，這是能同時生活在水中與陸地上的生物（兩棲類）演化後仍保留的特徵，蝌蚪的呼吸方式類似打嗝（生為青蛙運氣真背，這只是其中一例。不過還有公主可愛的小親親，那一定很不賴）。另一種說法是，這能讓悶住的空氣逸出，有助於哺育還未斷奶的幼獸。還沒有任何方法確定能根除打嗝症狀，只能使用大量鎮定劑，或者對頸部與橫膈膜之間的橫膈神經動手術，不過很有可能產生併發症，因為橫膈神經是呼吸系統重要的一環。儘管如此，《內科醫學期刊》出現過一篇報告，詳細描述以手指持續按摩直腸可治好某些人的打嗝症狀，接下來的問題就變成，「你有多疼愛女兒？」答案是「還沒愛到那種程度」。

打呵欠

　　這個反射動作叫人徹底沉溺其中，可歸類為「很逗趣，但沒什麼醫學研究價值，因為，老爺，裡頭沒啥油水」現象。這動作的過程中會深深吸氣，下顎完全張開，眼睛閉上，耳膜伸展，然後吐出剛才吸的空氣，這和疲憊、壓力及感覺無聊有關。關於打呵欠的理由有種種說法（而且相當多），我最喜歡的一種是，這種動作能讓大腦冷卻。我還蠻高興人們仍不知道打呵欠的真正原因，因為一旦知道了，就可能有人發明終止呵欠的方法，那就太可惜了，我真的**很愛**打呵欠。

打噴嚏

　　打噴嚏是不由自主的，即使你某種程度上確實能夠控制噴嚏的釋放方式，但你也不該嘗試那麼做。如果你阻塞鼻子，緊閉嘴巴，想憋住一個大噴嚏，可能會因此破壞部分鼻腔通道，讓耳膜爆開，眼睛血管崩裂，肋骨斷裂，導致腦部動脈瘤，或使氣泡進入深層組織和胸部肌肉。這些都是發生過的情況。

　　打噴嚏該是理直氣壯的，可擺脫掉刺激鼻道黏液的異物並清理一下鼻子。這些刺激物會迫使身體釋放組織胺（因此抗組織胺藥物被用來治療花粉熱），觸發鼻子中的神經細胞向大腦發送微小的電子訊號，瞬間引發臉部、喉嚨和胸部同時一起連動的無意識反應。

　　關於這個古怪生理現象，還有怪中之怪的幾件事，有些人吃

了一頓大餐後會打噴嚏。聾人打噴嚏時根本不會發出太大聲音，而在菲律賓，他們說噴嚏聲是「呵唷」而不是「哈啾」。

肚子咕嚕咕嚕叫

醫學上將肚子咕嚕作響稱為**腸鳴音**，這種聲音是流經腸道的液體和氣泡產生的。有時候胃被清空兩小時後會向大腦發送訊息，重新開始蠕動以清除腸道，這時也會產生這些聲音。一般認為胃部振動會產生饑餓感。肚子咕咕叫可能感覺有點怪，但這完全是正常現象。

打嗝

和放屁比起來，打嗝在上流社交場合也許被接受度比較高一點，但也好不到哪去。打嗝又稱為打飽嗝或噯氣，是胃部與食道的氣體釋放，完全正常，原因是講話、吞嚥或飲食時吸進空氣，尤其是喝了碳酸飲料。嬰兒進食的時候會吞進許多空氣，如果沒有透過打嗝釋放出來，他們會一直很不舒服。吞進的空氣倒不是全都會在打嗝時排出，有許多是在消化系統中一路通行下去（吞進的空氣通常占了約 25% 的屁氣）。牛隻因為反芻消化會大量打嗝，牠們嗝出的氣體裡有高濃度的甲烷，那是牠們腸子裡的甲烷古菌所製造的。

第五章
屁之雜學大匯集

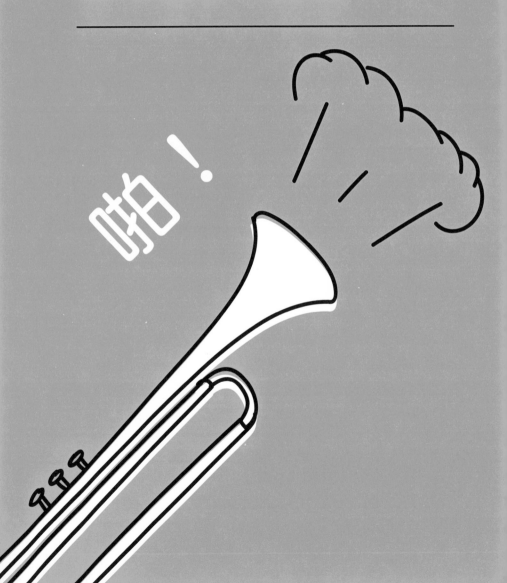

舉世最強放屁人

甲烷先生很**不可思議**。他輕輕鬆鬆就成為世界上現存最厲害的放屁藝術家，出現在電視節目上時，他戴著綠面罩，一身紫綠配色的超人裝束，操控自己大腸的能力簡直不像是這星球上的生物。此人能熱屁奔放持續整整一分鐘，用腸氣吹滅蠟燭，從屁股彈射飛鏢擊破氣球（他在 YouTube 上的影片會讓你大開眼界）。你可能以為他是那種譁眾取寵的跳梁小丑，出乎意料地完全相反，他長得很高（二公尺），是個中年人，來自英國瑪斯菲爾德鎮，本名叫保羅・歐菲爾德（Paul Oldfield），為人親切有禮（他會說「排便」而不是「拉屎」），說話帶有硬邦邦的瑪斯菲爾德腔，而且是冷面笑匠。

甲烷先生十五歲時與妹妹一起練習不同瑜伽姿勢時，發現了自己這項才能（他跟我說是才能主動來找他），那時他扭曲身體會放出大響屁。他繼續試扭曲姿勢，直到他爸爸走進來說：「如果你再這樣做下去會出意外。」除了偶爾在學校和人打賭獲勝，他的超能特技多年來一直未被充分利用，他專注於實習，學習駕駛火車，直到有天晚上，一位朋友帶他去瑪斯菲爾德的尖叫海狸俱樂部，他從觀眾群裡被拱出來，展現他非比尋常的技能。當他與粗俗下流的 Macc Lads 搖滾樂團（不管你做什麼行業，千萬別在辦公室聽他們的歌）勾搭在一塊兒之後，他們幫他取了甲烷先生這個名號，於是，他發光發熱的職業生涯展開了，經常旅行世界各地，滿載著聲望和臭名。

　　保羅有他的訣竅，他在表演前大約三小時先去便便，使腸道壓力恰到好處，然後躺下，擴張他的括約肌，並將橫膈膜上抬與腸道隔開距離，以「吸入」空氣（他承認自己也不是**真的**了解這是怎麼辦到的）。這一切都在於放鬆，躺著做很容易，但如果他不得不站著重新填充，空氣就會卡在橫結腸和升結腸中，使他感覺疼痛。如果有機會訂票看他表演或見到他本人，你絕不會失望。他的直腸哼唱——也就是配合著〈藍色多瑙河〉放屁——會讓你屏住呼吸。

勒·本托曼（Le Pétomane）

　　史上最強大的**已故**放屁藝術家非約瑟夫·普耶爾（Joseph Pujol）莫屬。一八五七年，這位法國巨星出生於馬賽，其藝名勒·本托曼（Le Pétomane，意思大概就是**放屁狂人**）較廣為人知。他父親是一位烘焙師傅。某次他站在海水中彎腰，同時大大吸進一口氣時，發現了自己肛門吞納的本領——他當時感覺到一股要凍死人的水流灌入體內。二十歲入伍當兵後，他開始訓練自己盡可能拉長放屁時間，並且變換屁聲音調，這樣他就能和自己的屁屁合唱——唔，意思差不多是這樣。

　　到了一八八〇年代中期，他已經在全法國巡迴表演放屁神技了。一八九二年他前往位於巴黎、國際知名的紅磨坊夜總會參加測試演出，馬上就被簽下來，兩年內躍升為全法國票房收入最高的藝人，據傳他每做一場秀就收入二萬法郎。約瑟夫的表演充滿許多屁音的搞笑模仿，從新婚夜新娘子的屁（一小聲羞怯的吱吱聲）開始，接著是這位少婦幾個月後大鳴大放（啪啦叭啊的巨

響），他也模仿動物，用屁股演奏笛子，從肛門吹出煙圈圈，並以〈馬賽進行曲〉壓軸，最後用屁風吹熄臺上的燭火（甲烷先生的學習典範）。據說他的表演實在太好笑了，全程有護士在場（好吧，至少是**宣稱**有護士在場），免得有觀眾笑到暈倒癱軟，需要特別照料。這些表演讓約瑟夫紅透半邊天，和馬諦斯、雷諾瓦這些名人交上朋友。他的演藝事業十分成功，直到一九一四年的一次大戰終止一切。戰後他開烘焙坊營生，享年八十八歲。

羅蘭（Roland）

中世紀最偉大放屁人大概是羅蘭，十二世紀英王亨利二世的宮廷樂師。他會在表演要結束時跳一支舞，同時完成「一跳、一哨加一屁」。他因此獲得薩福克郡的漢明斯敦大宅為賞賜，以及超過四十公頃的土地，不過據信後來的亨利三世對放屁這事沒那麼熱衷，最終將整筆土地收回。

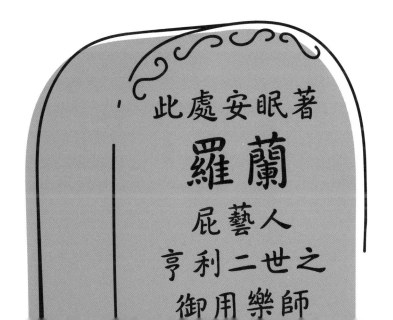

名留青史的屁

關於歷史上最惡名昭彰的屁，一般認為記載於史學家約瑟弗斯（Flavius Josephus）西元七五年所寫的著作《猶太人的戰爭》中。書中描述，逾越節期間，有個粗野的士兵在耶路撒冷對著進行禮拜的猶太人放屁，引發了衝突騷動和踩踏事件，造成一萬人死亡。至於這名士兵會不會只是藉著暴露來侮辱人，尚有爭議，但我們還是繼續談放屁。

希羅多德（Herodotus）則是以一種較英雄氣概的風格描寫西元前五六九年不得民心的埃及國王阿普瑞斯（King Apries），講述他派遣自己的參謀帕塔比米斯（Patarbemis）前去質問反叛的將軍阿瑪西斯（Amasis）。面對帕塔比米斯的質詢，阿瑪西斯放了顆屁做為答覆，要他送回去給阿普瑞斯。當這位參謀回到家時，國王以任務失敗為由削掉了他的耳朵和鼻子。埃及早已民心思變，阿普瑞斯對這位參謀的處置更讓群情激憤，皆轉投反叛軍陣營。這一切導致了國王潰敗，幾年後他終於在試圖奪回王位時喪生。

畢達哥拉斯（Pythagorus）是生活在西元前五七〇年到四九五年左右的希臘哲學家，引領出結合數學與神祕主義的畢達哥拉斯主義運動。他禁止追隨者吃豆子，可推想是出自於某種敵視屁的原則，或者擔心放屁可能會噴散掉靈魂……（完全可以理

解），但豆子成為禁忌，也可能是因為它們被認為與輪迴有關。

　　希特勒據說長期患有胃炎，不僅帶來劇痛，而且伴隨著嚴重的腸胃脹氣，有人推測他服用各種藥物處方，可能使精神方面也出了問題。希特勒的消化病症很嚴重且根治不易，這點無庸置疑，但有個問題是我擔心的，太強調他的健康和治療狀況 —— 梅毒、隱睪症（只有一顆睪丸）、甲基安非他命成癮（讀讀歐勒〔Norman Ohler〕的精彩著作《閃擊快感》就知道），會將納粹德國的恐怖暴行簡化成某個人據傳可能罹患精神病，為第三帝國凶殘歷史找藉口並忽視它。

　　班傑明‧富蘭克林是美國的開國元勳之一，也是著名的博學之士。他是報紙編輯、印刷商，發明了雙光眼鏡和避雷針，還當過郵政局長。他在一七八一年擔任駐法大使時，撰寫過一篇諷刺文章，標名為〈我放屁我驕傲〉（又有另一標題為〈給皇家學院的一封關於放屁的信〉），指出「在消化一般常見食物的過程中，人類這種生物的腸道內會生成或製造大量的氣體，這是人們都知道的尋常知識」。他建議可開發藥物將可怕的屁臭轉化為「不僅無臭，而且彷若香水怡人」。

　　這篇文章通篇在酸歐洲的學術社群，他認為這些團體愈來愈裝模作樣且脫離現實。由於這是一篇諷刺作品，我們推測，他不是要鼓勵更多人研究放屁，只是利用它說反話，表示這個時代的科學探索都在瞎搞胡扯。

　　現在可聽仔細了，開開玩笑損人是挺有趣的，但我覺得富蘭克林有點愛找碴。我們就來看看，一七八一年，他寫作該文那一年有什麼所謂「裝模作樣」的科學進展：

- 赫歇爾（William Herschel）發現天王星，並向英國皇家學會報告
- 馮湯塔（Fontanta）描繪出腦細胞軸突
- 生產煤焦油的專利申請通過
- 耶爾姆（Peter Jacob Hjelm）分離取得鉬
- 梅西爾天體表（Messier catalogue）公布了，詳細列出一百一十個天文物體

- 梅湘（Pierre Méchain）發現十三個星系、一個行星狀星雲、一個疏散星團、一個球狀星團，還有矮星系 NGC 5195，這個伴星系隸屬於壯觀的 M51 渦狀星系。

這些都發生在一七八一年。僅僅一年，**都在歐洲！**老班，不懂就閉嘴吧。

歷史名屁網

　　網路上充滿了精彩的影片剪輯，噱頭都是在電視直播中不小心噴放而大出風頭的屁，我老實招認，我自己三不五時（通常當截稿日臨近，火燒屁股時）就會花上差不多一小時看這些影片。我個人最愛的影片中，有一段是一位窈窕迷人的健身教練帶領三位窈窕迷人的女士，進行一系列名叫「愛自己身體」的地板伸展練習。這位教練張開雙腿，準備要做某個練習時，一陣屁煙帶著美麗的低音飛馳而出，然後四個人都笑著在地上打滾。還有琥碧・戈柏（Whoopi Goldberg）應該好好接受表揚，當她聽著貝蒂・蜜勒（Bette Midler）訪談克萊兒・丹妮絲（Clare Danes），兩人正大談丹妮絲參與演出的電視影集對全世界無比重要時，她噗了一發實實在在的響屁，還誠實認罪了。原來傲氣是聞得到的啊？

　　不管你手邊正在做什麼事，千萬不要去搜尋「Babies scared of farts compilation」這支影片喔。

文學中的屁

　　載於史冊的第一個笑話誕生於西元前一九〇〇年，就是關於放屁一事*，我們的許多偉大作家都在作品裡提過屁。這是當然的啊！屁完全天生自然卻又能嗆人，是用來損人的豐富題材，它粗俗但不淫穢，親暱而非情色，在生物學和自我厭棄這兩種毫不湊搭的概念間兩邊通吃。希臘劇作家亞里斯多芬（Aristophanes）所寫的《雲》（西元前四二三年）與《蛙》（西元前四〇五年）這兩部作品裡都有屁，還不是簡單一筆帶過而已，他真的火力全開，花了很大篇幅描寫「噗—噗—噗—噗哧」震天價響。塞內卡（Seneca，c.4BC-65AD）會玩放屁的梗，賀瑞斯（Horace）也是如此。

　　喬叟的《坎特伯雷故事集》寫於西元一三八六年到一三九九年之間，是大家上學時的指定教材之一，被逼著讀很痛苦……一直讀到髒髒的〈磨坊主的故事〉那篇才樂了起來，故事講述有個神經兮兮的教區執事被騙去親吻某位小姐毛茸茸的肛門，還以為這是接吻（他「覺得哪裡不對勁，因為女人嘴上無毛才對」），

＊　故事大意是這樣的：「亙古以來從未發生過的事情：年輕女士不曾在丈夫的膝蓋上放屁。」意思我是明白了，但這好笑在哪？

故事裡還有熾熱火紅的撥火棍捅屁眼和雷鳴般的重屁轟炸。這下子大家才愛上了喬叟。〈法庭差役的故事〉則完全講述一顆屁要怎麼在一群修士之間平分。

莎士比亞在作品中安插屁的方式就相當含蓄，而且還出奇地嚴肅。他提到屁的經典臺詞來自滑稽鬧劇《錯誤的喜劇》：「先生，有人愛對你放話；而空話就像空氣；哎，他噴在你臉上，和他朝後噴的意思一樣。」不是莎士比亞寫得最斯文的段落，這樣說來，《錯誤的喜劇》其餘部分也沒有寫得比較客氣。

我最喜歡的文學屁話出自令人驚嘆的史威夫特（Jonathan Swift）之筆，他這個人見到矯情做作、自命不凡的傢伙，絕對會手癢將他們大加諷刺一番。他在〈細論放屁之益處〉（一七二二年）一文中說，「像放屁這樣該死的低級東西」能逗他開心，和英國貨色相比，法國屁、法國屎都弱爆了，登不上檯面。這本小冊子諧擬了唐郡暨康納教區主教（Lord Bishop of Down and Connor）的文章〈禁食的好處〉，儘管笑點近似小朋友嬉鬧，但他純粹好玩的寫法非常有趣。寫作此文時用的筆名是**克拉科夫大學屁話教授唐·發屁男多·噗應多思**（*Don Fartinando Puff-indorst, Professor of Bumbast in the University of Crackow*），通篇讀來彷彿呼吸鮮美空氣。在此僅摘錄其標題頁文字：

　　應呵屁郡的潮屁女士請求，且為了方便其使用，翻
　　譯成英文。譯者：撒丁尼亞之迷你屁公主的如廁侍
　　從，噁爸迪亞・廢娃。發行地濫發得（愛爾蘭的朗
　　福德）：印刷商塞門・斑疤屁蛋，位於落落長扯淡
　　街對面的風車招牌處。*

　　史威夫特表示，屁可分為五種，它們在重量和氣味方面全然
不同。首先是**音色飽滿且雄渾動人，或鏗鏘有力的屁**；第二，**雙
重屁**；第三，**發微弱嘶嘶聲的屁**；第四，**含溼氣的屁**；第五，**受
阻不通的悶屁**。

　　一千零一夜收集的眾多阿拉伯民間故事中有一則十分有趣，
且氣焰高張，故事名為〈阿布哈珊如何剎住風〉。還有許多其他
傑出作家沉迷這個主題，包括但丁、馬克吐溫（「諸位談興正佳
時，不幸確實有一人釋出屁氣，產生的惡臭，噁心到讓人懷疑人
生，所有人都笑得渾身痠痛……」，以及拉伯雷（Rabelais）、
班・強生（Ben Jonson）、雨果和巴爾札克。

---

*　原文：Translated into English at the Request, and for the Use, of the Lady
　　Dampfart of Her-fart-shire. By Obadiah Fizzle, Groom of the Stool to the
　　Princess of Arsimini in Sardinia. Long-Fart (Longford in Ireland): Printed
　　by Simon Bumbubbad, at the Sign of the Wind-Mill opposite Twattling-
　　Street.

　　「書寫放屁一事是否過於骯髒下流？」我曾經想過這個問題，我原以為「絕對不會」。但我錯了。詹姆斯·喬伊斯（James Joyce）的下流無極限——喔耶，真的特級齷齪，極致淫穢，你想像不到人類能寫出的超猥褻情書裡，屁也有一席之地。我讀了大受震撼，由我來掛保證，它肯定很有分量，畢竟我可是個去年大部分時間都在搜索引擎中輸入「肛門」的人。（不要。千萬不要。我做過了，所以你真的沒必要再這麼幹了。）那些文字讀起來才真的可能太骯髒下流。

屁的相關俚語小辭典

　　屁是一塊多產的語言沃土，不論是大文豪，還是小寫手，都來耕耘開發且樂在其中，取得了豐歉不一的收穫。最佳成果會讓你一時摸不著頭緒。

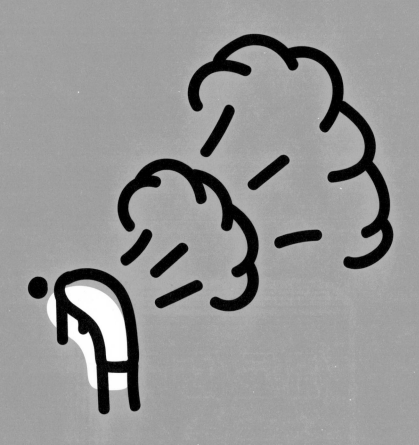

婉曲修辭前十名

1. 唐納德，出去走走吧（Get out and walk, Donald）
2. 褐色雷電（Brown thunder）
3. 沒牙的傢伙在說話（The toothless one speaks）
4. 屁股包餃子（Butt dumpling）
5. 泥鴨子（Mud duck）
6. 油頭飛車黨（Greaser）
7. 從下面打來的雷（Thunder from down under）
8. 踩到青蛙（Stepped on a frog）
9. 放風（Shart）
10. 放出獵犬（Release the hounds）

修飾誤導前十名

1. 空氣鬱金香（Air tulip）
2. 回應野蠻捲餅的召喚（Answering the call of the wild burrito）
3. 蜘蛛吠（Barking spider）
4. 蓬蓬（Fluffy）
5. 珍珠串（String of pearls）
6. 烤騎師（Roast the jockeys）
7. 股間隆隆（Grundle rumble）
8. 讓波莉出獄（Let Polly out of jail）
9. 射隻小兔子（Shoot a bunny）
10. 倫敦鄉巴佬歡呼（Cockney cheers）

老少咸宜、聚眾同歡前十名

1. 香滋滋響吱吱（Cheeky squeaky）
2. 讓人心花朵朵開的旺旺叫（Great big flowery woof woof）
3. 踩到鴨子（Step on a duck）
4. 屁屁發爐（Bumsen burner）
5. 椅凳暖爐（Benchwarmer）
6. 屁股下蛋（Beefy eggo）
7. 歡樂大炸裂（Great big blast of joy）
8. 底下打嗝（Bottom burp）
9. 切起司（Cut the cheese）
10. 偉大的棕色歡樂雲氣（Great brown cloud of fun）

十個較不雅的拐彎說法

1. 掀屁股（Arse flapper）
2. 繃裂小老鼠（Crack a rat）
3. 屁屁小鼓（Butt bongos）
4. 香濃褲襠（Gravy pants）
5. 屁股小號催到最大聲（Blasting the arse trumpet）
6. 糞便燻蒸（Fecal fumigation）
7. 入土晚餐再翻炒（Exhume the dinner corpse）
8. 屁股吹小號（Arse trumpet）
9. 抖抖屎渣（Turd tremor）
10. 極凶小菊花（Heinous anus）

放屁的各國語言說法

1. **Pet**　　　　　法語
   （本托曼先生 Monsieur Pétomane 的名號由來）

2. **Furz**　　　　德語
   （更難聽一點的：Scheißer）

3. **Scoreggia**　　義大利語

4. **Perdet**　　　俄語

5. **Brodler**　　　瓦隆語（比利時南部）

6. **Rhech**　　　威爾斯語
   （例如，Fel rhech mewn pot jam 意思是「像果醬罐裡的屁」，也就是「沒有用處」）

7. **Jamba**　　　斯華西里語（非洲最多人使用的語言之一）

8. **El pedo**　　　西班牙語

9. **Apaan vaayu**　印度語

10. **Durta**　　　阿拉伯語

屁的簡單版牛津英語辭典定義

Fart〔法爾特〕動詞兼名詞，俚語

- 不及物動詞。**1** 從肛門散氣排風。**2**（後面接 about 或 around）行為荒誕愚蠢；浪費時間。
- 名詞。**1** 從肛門排出的氣體。**2** 討厭的傢伙。（古英文〔以動名詞形式 feorting 被記下來〕，源自日耳曼語系）

Fart /fa:t/ *v. & n. course slang*

- *v.intr.* **1** emit wind from the anus. **2** (foll. by *about, around*) behave foolishly; waste time.
- *n.* **1** an emission of wind from the anus. **2** an unpleasant person. [Old English (recorded in the verbal noun *feorting*) from Germanic]

致謝

　　萬分感謝 Andrea Sella（這聰明的傢伙），這位朋友棒透了，他在我通訊錄裡的名稱一直是「過勞的化學怪咖」，是他啟發了我用科學探索食物，並找到新方法來講述我們放入口中的東西背後的故事。幾年前，我們突發奇想，想弄一個叫**放屁學**（Fartology）的科學舞臺秀，當我們看到觀眾一邊學習涉及多個學門的複雜科學，一邊還差點笑到尿失禁時，我們就知道這是個創意出眾的做法。科學知識的傳播如此蓬勃發展，英國應該感到無比自豪，從切爾滕罕科學祭（Cheltenham Science Festival）到布特林渡假村（Butlins），有各式各樣眾多協會組織，觀念開放，提供表演平臺給我，讓我能製造歡樂笑鬧又傳播知識，我要向你們致上無比謝意（尤其得向 Mike Godolphin 道謝）。

　　許多愛好屁的同道中人以多種不同方式協助本書完成：Heather Fitzke、Mark Lythgoe、Mohammed Saddiq、Chris Clarke、Hugh Woodward、Charlie Torrible、Theo Blossom、Philip Woodland、Alex Menys、Steve Pearce、Paul McKnight、Ewan Bailey 、Brodie Thomson、Eliza Hazlewood、Jan Croxson、Borra

Garson、Louise Leftwich、Nicholas Caruso、Daniella Rabaiotti、Shelli Martelli 和 Gina Collins。

　　非常感謝 Sarah Lavelle 容忍本人嗜屁的奇怪癖好（還讓我朝工作團隊半數成員的臉上放屁），讓 Quadrille 出版社這塊金招牌染臭上身，感謝 Harriet Webster 和 Kathy Steer 以及為本書付出心力的所有 Quadrille 工作人員，還要感謝 Luke Bird 絕佳的美術設計。

　　感謝我的甜心女兒們：Daisy、Poppy 和 Georgia。我很抱歉在這本書寫作取材期間，你們不得不忍受那些可憎、可怕的氣味。

　　最後，非常感謝那些前來觀賞我演出的觀眾，你們超棒的，當我們在舞臺上現場操作一些有夠噁的科學實驗時，你們還能和 Gastronaut 團隊同樂，一起笑到掉褲子。我愛你們大家！

中英對照

人名

索引

LEARN 系列 046
一顆屁的科學
Fartology: The Extraordinary Science Behind the Humble Fart

作　　者 — 史蒂芬・蓋茲（Stefan Gates）
譯　　者 — 林柏宏
主　　編 — 邱憶伶
責任編輯 — 陳詠瑜
行銷企畫 — 陳毓雯
封面設計 — 李莉君
內頁設計 — 張靜怡

發 行 人 — 趙政岷
出 版 者 — 時報文化出版企業股份有限公司
　　　　　10803 臺北市和平西路三段 240 號 3 樓
　　　　　發行專線 — (02) 2306-6842
　　　　　讀者服務專線 — 0800-231-705・(02) 2304-7103
　　　　　讀者服務傳真 — (02) 2304-6858
　　　　　郵撥 — 19344724 時報文化出版公司
　　　　　信箱 — 臺北郵政 79~99 信箱
時報悅讀網 — http://www.readingtimes.com.tw
電子郵件信箱 — newstudy@readingtimes.com.tw
時報出版愛讀者粉絲團 — https://www.facebook.com/readingtimes.2
法律顧問 — 理律法律事務所　陳長文律師、李念祖律師
印　　刷 — 盈昌印刷有限公司
初版一刷 — 2019 年 6 月 28 日
定　　價 — 新臺幣 320 元
（缺頁或破損的書，請寄回更換）

時報文化出版公司成立於一九七五年，
一九九九年股票上櫃公開發行，二〇〇八年脫離中時集團非屬旺中，
以「尊重智慧與創意的文化事業」為信念。

一顆屁的科學 / 史蒂芬・蓋茲 (Stefan Gates) 著；
林柏宏譯 . -- 初版 . -- 臺北市 : 時報文化, 2019.06
160 面；14.8×21 公分 . -- (LEARN 系列；46)
譯自：Fartology : the extraordinary science
　　　behind the humble fart
ISBN 978-957-13-7820-6 (平裝)

1. 消化系統

394.5　　　　　　　　　　　　　　108007570

ISBN 978-957-13-7820-6
Printed in Taiwan